MAKEUP AND HAIRSTYLE
DRAWING TUTORIAL

妆容发型
手绘效果图实例教程

陈永恒 ◉ 编著

人民邮电出版社

北 京

图书在版编目（CIP）数据

妆容发型手绘效果图实例教程 / 陈永恒编著. -- 北
京 : 人民邮电出版社，2019.2
ISBN 978-7-115-50076-2

Ⅰ. ①妆… Ⅱ. ①陈… Ⅲ. ①女性－化妆－造型设计
－教材②女性－发型－造型设计－教材 Ⅳ.
①TS974.12②TS974.21

中国版本图书馆CIP数据核字(2018)第283923号

内 容 提 要

　　本书针对化妆、美发、半永久文绣等行业，以人物的妆面、发型手绘设计为主要内容，是一本关于整体人物手绘效果图技法的教程。

　　本书内容包括绘画工具介绍，不同纹理、不同质感的头发表现技法，直发、曲发、卷发、编发、波纹等不同发型的绘制方法，眉、眼、唇等五官的表现方法和整体美妆绘制技法，此外还有妆容发型整体绘制案例。书中各部分自成一体又相互关联，易学易懂，突出了美业手绘设计的专业性和系统性。

　　本书适合作为发型师、化妆师、文绣师、人物形象私人造型师的专业用书，也可作为美发化妆职业培训机构的教材。

◆ 编　　著　陈永恒
　　责任编辑　赵　迟
　　责任印制　陈　犇

◆ 人民邮电出版社出版发行　　北京市丰台区成寿寺路 11 号
　　邮编　100164　　电子邮件　315@ptpress.com.cn
　　网址　https://www.ptpress.com.cn
　　涿州市般润文化传播有限公司印刷

◆ 开本：787×1092　1/16
　　印张：11.5　　　　　　　　　2019 年 2 月第 1 版
　　字数：320 千字　　　　　　　2025 年 1 月河北第 13 次印刷

定价：79.00 元

读者服务热线：**(010)81055410**　印装质量热线：**(010)81055316**
反盗版热线：**(010)81055315**
广告经营许可证：京东市监广登字 20170147 号

前　言

我从小喜欢画画，长大后更是如此。读大学一年级的时候，我就有一个想法，就是把自己所学的美业技能与美术相结合。从那时起，我便一直钻研在其中。当自己花了4年的时间编写出第一本书《发型设计素描实用教程》的时候，那种成就感让我有了更多的梦想。在我萌生写这本书的想法时，一些学生告诉我："有梦想的人都是值得尊敬的。"我顿时心潮澎湃，信心也更坚定了。今天，当我为自己即将出版的这本书撰写前言的时候，我是幸福而满足的。我希望能把这些年积累下来的一些感想、技艺及经验与大家分享，也希望能借助这本书，把这份勇敢追求梦想的正能量传递出去。

在时尚潮流不断变化的今天，发型、妆面、人物整体造型设计手绘越来越重要，它能反映美业从业者的技能是否全面，也体现了个人的内涵、修养和魅力。顾客与设计师之间沟通零障碍，已经成为美业的核心竞争力。绘画基础与造型能力是美业人的基本技能之一：一方面，只有具备了良好的绘画基础，才能以绘画的形式准确地表达设计师的创作理念，创作出更多的设计作品，在行业里拥有更大的发展空间；另一方面，素描是一切造型艺术的基础，学习绘画的首要目的并不是画出多少幅富有艺术感染力的素描作品，而是在学习绘画的过程中体会空间关系的变化，了解形式美的规律，追求构图的美感，掌握科学的透视原理，获得精准的造型能力，以及运用明暗调子表达作品的质感、量感等。要想全面提高美业从业者的创作水平及表达能力，绘画学习是必不可少的。在这个追求美的时尚领域，我们需要掌握越来越丰富的技能。发型设计师需要经常练习发型设计绘画，这样能够提升自身的审美能力、创造力、表现力和观察力；半永久文绣师 ※ 需要扎实的素描基本功，这样不仅能加深对眉、眼、唇的理解，同时也能使操作手法更加灵活，避免出现生硬的线条，准确地从形态、比例、明暗、色彩、质地等方面表现出综合的视觉效果；医美整形师更需要将美学的普遍原则与人体美相结合，而人物面部整体素描就是对人物面部各个骨骼结构、骨点特征、肌肉走向进行全方位剖析。美必须符合统一的原则，如果局部很美，但整体不协调，那么总体也是不美的。在个人气质上，素描能修身养性，提高个人的内涵和魅力，全方位完成技术与艺术的升华。如果能掌握化妆发型手绘设计素描，快速积累一批作品，既能提高绘画能力，又可以将其挂在工作室，烘托工作室的艺术氛围，从而吸引更多的顾客。只有顾客信任你的能力，才会把自己的身体放心地交给你设计。信任是对一个人最大的认可。

要想有扎实的绘画功底，还需要寻找一套实用且适合自己的好方法。本书中介绍的绘制方法是我多年总结出来的。本书以人物的发型、妆面为主，包括大量的步骤分解图和效果图，目的是让大家在夯实基础技法的同时，逐步提高绘画技能。无论零基础的读者还是专业绘画人士，在阅读本书后都可有所收获。

陈永恒

※ 编者注："文"本义为动词，指在人体上绘、刺花纹或图形，引申为名词，指花纹、纹路；"纹"是"文"的分化字，本指丝织品上的花纹、纹路，后泛指花纹，再引申指器物的裂痕。在表示"花纹"的义项上，"文""纹"可通用，但"纹"不可用作动词……历史上本无"纹身"的词形，各权威辞书也均只收"文身"而未收"纹身"。近年来，报刊、店铺特别是网络上，"纹身"频频出现……与"文身"构成一组异形词（另有"文眉—纹眉、文唇（线）—纹唇（线）、文眼线—纹眼线"等）。据理据性，宜以"文身"为推荐词形。（周奇.常见语言文字错误防范手册 [M].北京：中国标准出版社，2011:123）

目录 CONTENTS

Chapter 03
面部美妆绘制 090

Chapter 04
妆容发型整体绘制 154

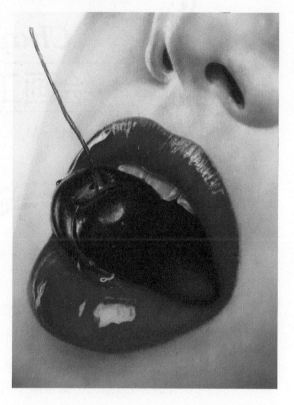

Chapter 01
绘画工具介绍
SKETCH OF MAKEUP AND HAIRSTYLE

不同的工具在绘画中有着不同的作用，工具也能影响绘画者的情绪和技巧。工具的选择取决于绘画者所想要达到的艺术效果。绘画的工具种类很多，如铅笔、炭笔、木炭条、色粉笔等，也有用水性材料画画的，如索斯（俄罗斯特有的素描材料）、可溶性彩色铅笔等。

铅笔

铅笔分为硬铅笔（H型）和软铅笔（B型）两类，每一类又分为六个级别，因此使用时有较大的选择余地。硬铅笔适合画以线条为主要表现手段且线条工整、纤细的速写或素描；软铅笔适合画以线和色调结合，且线条流畅、奔放的速写或素描。

铅笔的特点是便于掌握。特别是软铅笔，轻轻接触纸张即可留下清晰的笔迹。铅笔线条或轻或重，或粗或细，或浓或淡，或流畅或拙笨，容易控制。用铅笔画色调，其效果微妙而丰富，色调层次也易把握。铅笔侧用，可画粗线，抓大效果；用其棱角部分，可画细线，丰富细节。还可以用纸笔或手指作为辅助工具，在线条或色调上揉擦，产生柔和、微妙的色调，丰富其表现力。

炭笔

炭笔色泽浓郁，画面不会有反光效果。炭笔不像铅笔那样拥有多种软硬型号，国内生产的炭笔一般分为软、中、硬三种型号。炭笔适合快速表现明暗关系，对比强烈，但画面不容易修改，比较适合画短期素描和速写，有时也是应试的最佳工具。炭笔不能像铅笔那样进行细致的刻画，但是用纸擦拭画面则能弥补这个缺陷。

色粉棒

其特点是质地松软，色泽纯，粉末细致，层次多变，适合各种不同的纸张材料（粗纸、细纸、软纸、硬纸），表现力极强，便于修改，特别是在绘制人物素描时有其独到的表现力，西方很多大师都采用此工具。但色粉棒对表现技法要求很高，难度较大，因为它的每一笔都需要很强的造型能力和对素描的理解能力。

色粉

色粉呈粉末状，色泽纯且色彩丰富，表现力极强。色粉通常配合各种刷子使用，所画出的色调相对整体，且非常易于修改，可作为铺设大关系的辅助工具使用。

炭精条

炭精条有黑、棕及暗绿等色，其状或方或圆，比炭笔更具表现力。将其削尖后，画出的线条实而细；若侧用，其线条又可虚而粗，亦可大面积涂擦；利用其棱边又可画出锐利且有变化的线条。通过用笔的轻重快慢与正侧变化，或勾或皴，并铺以手指、纸笔、橡皮的或擦或揉，可以制造出无数种层次乃至色彩感。炭精条质地松脆，附着力差，用布一掸就掉，画时没有顾虑，画后需用定画液固定。该工具易于掌握，更适用于大幅粗放的速写。

彩铅

彩铅绘画比较方便，适合涂鸦，画面富有装饰性，比较大众化。彩铅分水溶性和油性两种。水溶性彩铅用毛笔蘸水即可晕开，其颜色很清透，附着力比较强，深浅容易控制，可以画得很深，也可以画得很淡。油性彩铅所绘制的画面有光泽，但不如水溶性彩铅涂得深。使用油性彩铅时，不宜掺杂其他材料，保证纯粹的彩铅绘画，可以突出装饰性，以及色彩的明度和纯度。

高光笔

高光笔是用来点缀局部的。在这里以白色为主，亦可用白色修改液代替。高光笔的笔头有 0.7mm、1mm、2mm 等型号，可根据所提高光的面积选择。

刷子

在这里所用的刷子有两种：化妆套刷、水粉排刷。刷子通常与色粉一起使用，其表现力强，效果丰富，但也比较难掌握。刷子的毛质有硬、软两类，其性能刚柔有别，可根据自己的偏爱选择。刷子可以用来铺色、勾线、晕染色调等，需要根据用途选择不同的刷头形状。使用刷子绘画应充分发挥其性能，通过用笔的正侧顺逆以及速度与力量的变化，再加上色粉的浓淡调配，可绘制出鲜活的、极具形式意味的色彩。

纸

画素描一般选用洁白、有纹理、厚重、结实的素描纸，也可以根据个人喜好选择铅笔画纸、炭笔画纸等其他类型的纸。铅笔画纸的纸纹不宜太粗，炭笔画纸表面不能太光滑。

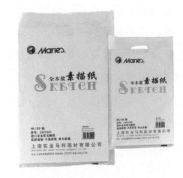

橡皮

一般用专用美术橡皮，以平、软的方形橡皮为好。提局部高光时会用到樱花牌超净橡皮，其质地偏硬，可以将其切出棱角使用。

可塑橡皮

可以将其捏成各种形状，用来提高光，或处理颜色过深的地方，也可以涂改橡皮处理不到的死角。

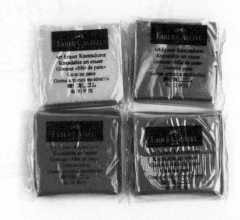

画板、画架

画板以光滑无缝的夹板为好。如果站着画画，还要准备一个画架。

其他工具

削笔刀、画夹、透明胶、笔盒等也是需要准备的工具。此外还有定画液、纸擦笔、眼影套刷、纸巾、大头刷子等。初学者可以选择性地准备。

Chapter 02

发型绘制

SKETCH OF MAKEUP AND HAIRSTYLE

本章以发型为核心，从单线线描开始讲起，重点介绍发型直观的形、纹理及内在结构，展现了逐渐完善发式造型的创作过程。发型设计素描对于发型设计师来说是对灵感的捕捉，是对形象定制的专业体现。本章依次介绍了发型纹理和头发质感，通过多个案例呈现了各种技法的表达方法和艺术视觉效果。

2.1

基础发型表现

2.1.1 局部纹理表现技法

发型局部纹理的表现以线条为主，从结构出发，我们需要将发型的形体转折、动感变化和质感用概括简练的线条表现出来。速写中的单线条简洁方便，适合快速而准确地表现发型局部纹理。

刘海

刘海的变化影响着发型的款式及风格。运用简单明了的线画法表现刘海是本节的重点。刘海可以归纳为以下几种。

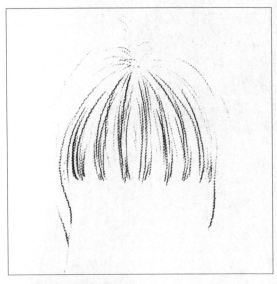

空气式齐刘海

绘制空气式齐刘海时，主要应体现固体型的重量感及轻薄的厚度，线条不宜排列太多，调子以稀疏的灰色调为主。

卷曲斜刘海

绘制卷曲斜刘海时，需注意刻画出尾部的空气感和自然的碎纹理。线条应以较长的 C 形线条为主。

短斜式刘海

短斜式刘海通常以三七分、四六分体现，绘制时要注意分界处两端线条长度的一致性。

直斜式刘海

直斜式刘海能够体现文静的气质，线条按照梳理方向紧密排列即可。

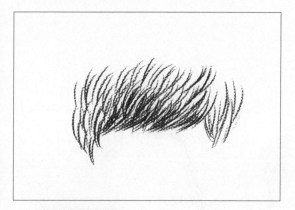

纹理化碎刘海

纹理化碎刘海多用于女士短发或男士发型中，表现该纹理主要以短 C 形线条排列。

弧形齐刘海

弧形齐刘海的重量堆积一定要具体，调子主要表现在发尾，线条排列要紧凑。

高刘海

刻画高刘海时，主要应刻画发际线处头发的梳理方向及生长方向。线条前端以干净轻柔为主，明暗调子集中于拱形凹面。发尾的释放要能体现发型修剪层次。

日式空气短刘海

日式空气短刘海主要通过透气、稀疏的线条表现即可。

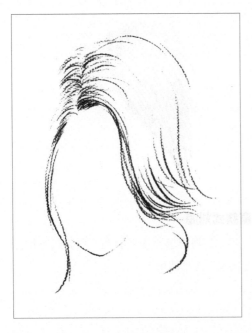

长曲斜刘海

　　长曲斜刘海能体现女性优雅、妩媚、温婉、柔美的一面，绘制时，主线条尽量一气呵成。长曲斜刘海通常以斜侧分为主，发尾柔和，发际线干净，线条应细、轻、流畅。

外翻大刘海

　　外翻大刘海具有高贵、优雅、华丽一面，绘制的关键在于S形线条的分段衔接与所呈现的立体面。外翻大刘海通常由C形、S形短线分段组合而成。在绘制过程中要保持线条的柔软性及疏密度。

头顶分界

　　头发的生长方向是从头顶开始向四周放射的。在观察头发的走向时，要注意头发的生长方向和梳理方向。

　　如果把人的头骨比作西瓜，西瓜的纹理和头发的生长规律类似。通过观察西瓜的纹理，我们可以想象头顶头发的走向。

　　如下图所示，西瓜的纹理从顶部开始呈放射状向下延伸，中间的纹理较直，越靠近两边，纹理弧度越大。在自然梳理的状态下，头顶部位的头发走向与西瓜纹理类似；在有分界线的状态下，头顶部位的头发走向则按梳理方向走。

发尾动势

本节主要展示发尾的纹理走向，不同方向、角度、层次的发尾有不同的动势。准确利用线条的排列，掌握好线条的卷曲程度、虚实程度，即能表现其状态。

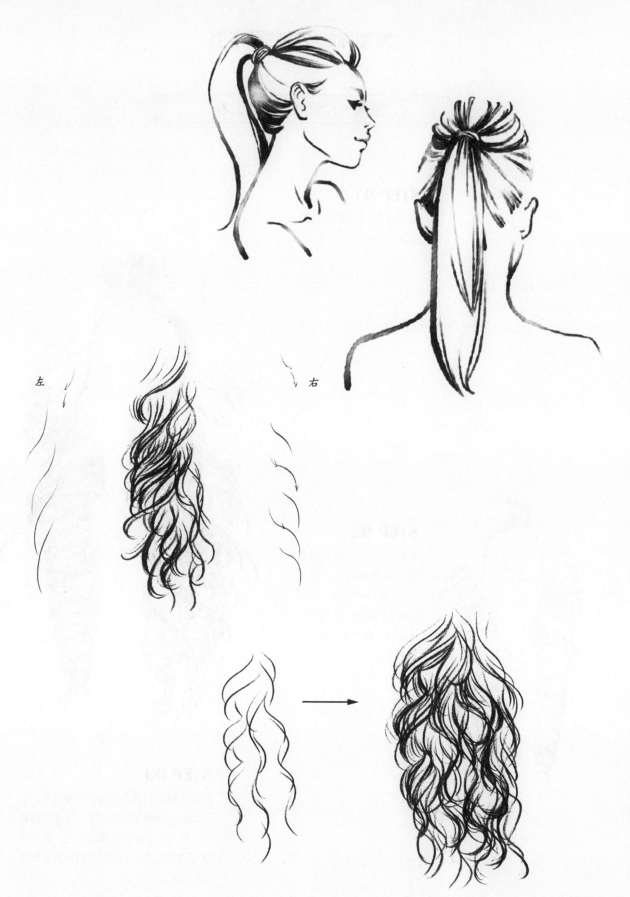

左　　　右

发型局部纹理临摹范例

范例一：浪漫型外翻大卷

STEP 01

绘制发型大轮廓及纹理走势。

STEP 02

丰富线条，卷曲纹理表现以S形线条为主，绘制时尽可能一气呵成。注意线条的流畅性，凹面用暗调体现，且力道加重，排列紧密。

STEP 03

用暖色系彩铅着色。色量以暗为主，以明为次。绘制过程中同样以S形曲线排列，在发型外轮廓处减轻力度，随意释放些许凌乱线条，这样可增加其空气感和仿真度。

STEP 01

绘制发型大体轮廓，确定发长及发型卷曲度。

STEP 02

按照头发的梳理方向排列曲线，体现发型层次和卷曲关系。

STEP 03

丰富线条，体现发量和发型立体结构。用彩铅着色，体现染发调子。

STEP 01

设计发型，用线稿画出大概的轮廓。

STEP 02

画出左右鬓角，笔触应干净清晰，外形结构为高边沿层次，故线条长短对比要明显。

STEP 03

此发型为侧分，分界线明显，将线条前端做柔和处理。顶区为卷曲纹理，线条应流畅紧密，自然释放些许发尾。

STEP 04

丰富线条，控制外形结构。

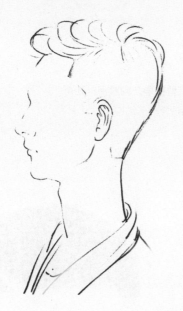
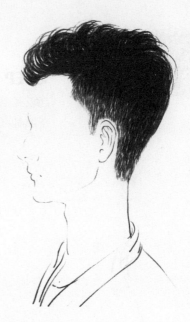

侧面速写示范图

范例四：复古刻痕式男发

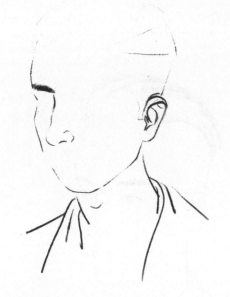

STEP 01

绘制基本脸形与发型外形轮廓。

STEP 02

左侧鬓角是主要刻画对象，靠近脸部的发际线处以轻而虚的短线绘制。刻痕处应保留刀刻的痕迹（留白）。两侧区剃推为渐近层次，预留的调子由黑变白，故绘制时排线为上密下疏，上长下短。

STEP 03

顶区绘制按照造型梳理方向紧密排列直斜线即可。最后调整外形结构。

正面图

范例五：现代时尚型男发

STEP 01

起稿构图，进行发型长短、区域的定位。

STEP 02

进行发型外围轮廓及发型结构的定位。

STEP 03

运用点画法绘制鬓角高边沿层次，通过疏密关系表现头发长短。该处以短线条为主，线条两端均无硬口，线条紧密排列。

STEP 04

进行顶部头发的绘制。按照发型梳理方向及头部曲线绘制长短线条，线条排列应紧密有序。注意线条长短的变化，以及发尾处线条的释放规律。

时尚男发欣赏图

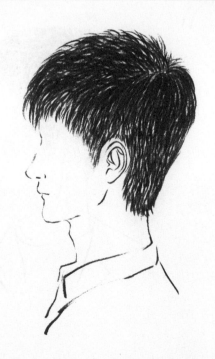

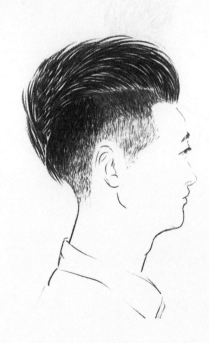

2.1.2 头发不同纹理的表现

发型设计三要素为形、纹理、颜色。形即发型外形；纹理即发型层次、质感及表面特征；颜色即发色。这三种要素即创造发型整体视觉效果的元素。

发型纹理分静止纹理、活动纹理、混合纹理三大类型。发型的层次、质感、表面特征有光滑、柔顺、凌乱、粗糙几种类型。

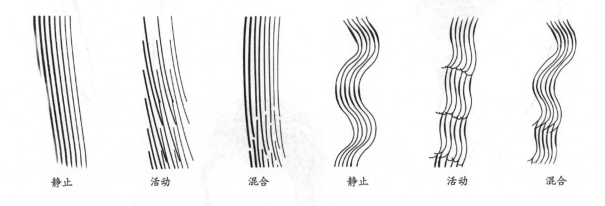

静止　　　　活动　　　　混合　　　　静止　　　　活动　　　　混合

光滑纹理

表面光滑的发型可以是直发，也可以是曲发。纹理光滑的发型表层无杂乱走势，光泽自然，整体呈静止状态。

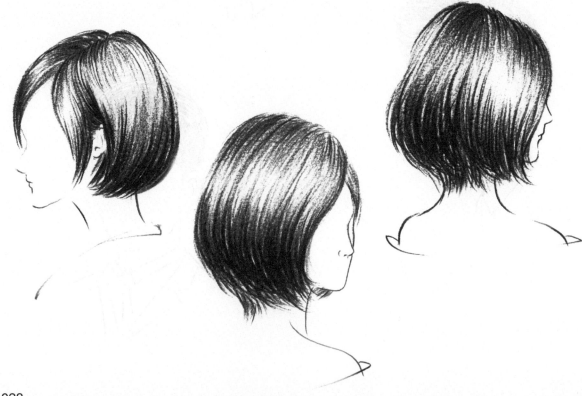

STEP 02

以素描手法绘制基础五官，处理明暗关系，形成一定的妆面效果。

STEP 01

用铅笔起稿，绘制出侧脸和发型外形轮廓。

STEP 03

绘制头发，按照发型梳理方向、发型结构层次、发尾厚重感有序地排列线条。

STEP 04

不断丰富线条，体现发型的厚重感和纹理感，使头形显得饱满。自然留出高光，以凸显发型表面的光滑特征。

STEP 05

整体调整，进行仿真化处理。柔和处理边缘，注意各元素之间的调子变化和光影关系，擦出发型表面飘出的发丝，注意整体的纹理质感。

范例二：卷曲渐增型发型

STEP 01

用铅笔起稿，绘制出发型外形轮廓与基本发束的曲线走向。

STEP 02

归纳明暗关系，按照发型梳理方向和发束纹理走势依次排列疏密度不同线条，表现明暗关系。

STEP 03

进行灰色调处理，可一边丰富线条排列一边用纸巾拭擦出过渡效果。

STEP 04

强化光泽感，调整整体效果。

光滑纹理欣赏图

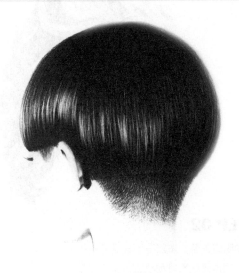

凌乱纹理

凌乱纹理即发型表层纹理蓬松、杂乱，走势较多，略显粗糙，整体视觉效果呈动感状态。

STEP 01

用铅笔起稿，绘制出面部线条和发型的
大体轮廓。

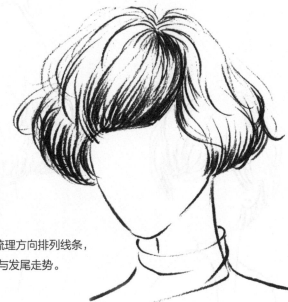

STEP 02

绘制头发，按照发型梳理方向排列线条，
表现发型的堆积形态与发尾走势。

STEP 03

用彩铅上色，表现凌乱的纹理。

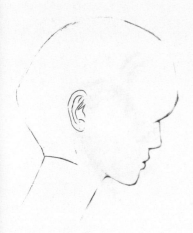

STEP 01

用铅笔起稿，绘制侧面的面部轮廓与发型形态。

STEP 02

用线条绘制出发型的基本纹理，表现发卷。

STEP 03

表现发型的明暗层次，丰富发尾走势。

STEP 04

继续强调发型的明暗层次。

STEP 05

丰富头发表层的纹理，进行灰色调处理，使其形成黑白灰的丰富色调。

STEP 01

用铅笔起稿，此范例为斜侧角度，根据三庭五眼的关系确定五官的比例。

STEP 02

运用素描手法绘制面部的立体结构。

STEP 03

深入刻画五官细节。

STEP 04

绘制发型，首先进行分界线的绘制，向下稍微画出发丝的大面，控制发丝的走向。

STEP 05

进行基础发丝的绘制，然后确定整体色调的变化，最后表现发丝的散乱走势。需要交替运用炭笔、纸巾、高光橡皮三种工具。

STEP 06

处理表层多种走势的发丝纹理，调整整体效果。

凌乱纹理欣赏图

2.2
直发发型

直发发型即发型线条呈直线，但不一定是垂直的直线，可以有多种方向的造型动势。直发发型表现以头部曲线结构为前提，需要严格遵循发型的梳理方向和生长方向，绘制各种动势的直线。通常直发发型的质感以光滑、垂顺、飘逸为主。

范例一：黑白静止短发造型

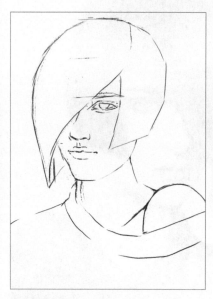

STEP 01

用铅笔起稿，绘制出面部结构、肩部结构和大概的发型轮廓。

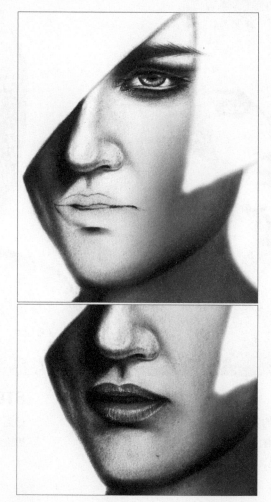

STEP 02

进行面部结构与妆面的绘制，注意头发在面部留下的阴影。

STEP 03

绘制发型。根据发型裁剪结构与梳理方向排列线条，线条要有疏密层次，以体现整体的光影色调。在绘制直发发型的过程中，要严格控制线条的流畅度、疏密度，以及色调的渐变。

STEP 04

用橡皮擦出头发的受光面，同时要保留发丝纹理。擦出服装的纹理和质感。进行整体色调处理。

STEP 05

最后直接用彩铅为发型着色，表现挑染效果。

范例二：墨绿色短直发造型

STEP 01

用铅笔起稿，绘制出侧面的面部轮廓，用简单的笔触概括发型的结构框架。

STEP 02

用色粉表现面部、颈部结构与色彩变化。绘制唇妆。

STEP 03

用平口刷或斜口刷绘制发丝的基本动势。

STEP 04

找准目标色，逐步绘制发型纹理，在各区域排列线条，表现色调深浅变化。

STEP 05

用橡皮的棱角擦出表层凌乱的发丝，以体现发型的动感纹理。

STEP 06

选择同色系的彩铅，从局部到整体勾画发丝细节。注意明暗色调的和谐过渡。

STEP 07

调整整体效果。

STEP 01

用铅笔起稿，绘制出面部结构，确定
发型结构与纹理走向。

STEP 02

用色粉刷出浅灰色背景，衬托发色。

STEP 03

调出粉灰色色粉，绘制服装。

STEP 04

用斜口刷蘸取深灰色色粉，表现发型的暗部基调以及发丝
的动态。

STEP 05

细致地刻画五官。

STEP 06

为面部、颈部铺出大体的色调。

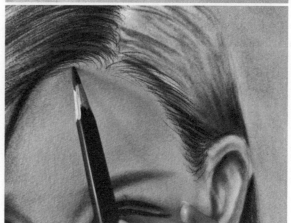

STEP 07

用炭笔绘制发型，表现表层纹理。注意刻画发际线处的发根和发丝的走势，要根据发型的梳理方向排列线条。

STEP 08

用炭笔为发型排线，着重强调明暗区域。然后用纸巾柔和地擦出整个发型的色调。

STEP 09

继续进行五官的刻画，重点表现眉形、眼妆和唇妆，调整面部的色调关系。

STEP 10

用彩铅绘制服装。用橡皮擦拭表层受光的发丝。发型主要以细线条表现，左侧为受光面，色调对比要强烈。

STEP 11

用橡皮擦出飘逸的发丝，应尽量选择硬质的橡皮，橡皮要干净。结合灰色彩铅表现色调变化。

STEP 12

综合调整整体美感。

STEP 01

用铅笔起稿，绘制出侧面的面部轮廓和发型的大体结构。

STEP 02

用色粉刷出粉灰色调的背景，背景基调要有深浅层次变化。

STEP 03

为发型铺设暗部基调，体现发型几大面的立体关系。

STEP 04

为面部与颈部铺上色调，刻画五官结构，进行面部彩妆表现。

STEP 05

用橡皮擦出发丝纹理，要严格按照发型各区域的梳理方向及发丝的走势擦拭。

STEP 06

选择同色系的彩铅，从局部到整体为发型铺色。要根据头部的结构与发型所呈现的转折变化来处理明暗关系。

STEP 07

进行色调衔接，调整整体效果。

2.3

曲发发型

　　曲发发型多采用C形、S形的大卷，是一种具有"懒卷"特质的微动感发型。这种发型丰富多变，可运用于不同长度的头发，颇受年轻女士的喜爱。

　　曲发纹理既可在视觉上增加发量，又可在外形上增强时尚表现力，是发型设计中最亮眼的纹理设计方案之一。

范例一：超短发造型

STEP 01

用铅笔起稿，绘制出侧面的面部轮廓
和发型的基本纹理。

STEP 02

用色粉与化妆刷绘制出皮肤的色调，
要表现出面部的结构与妆面基调。

STEP 03

用调好的色粉配合化妆刷，绘制出发型的基本纹理和走势，体现整体的明暗关系和光影变化。

STEP 04

选择与色粉颜色相近的彩铅，逐步刻画发丝的细节。

STEP 05

用彩铅为整个发型填色，并有针对性地用橡皮擦出高光。

STEP 02

为皮肤上色，进行面部五官的刻画
和妆面的表现。

STEP 01

用铅笔起稿，绘制出侧面的面部轮廓
和发型的基本纹理。

STEP 03

按发色的渐变层次，依次运用浅棕色、
蓝紫色系色粉绘制出发缕的效果。阴
影处可根据光影关系适当加入深棕色
或黑色色粉。

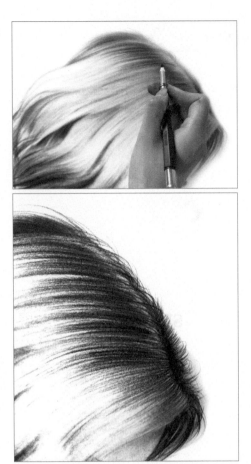

STEP 04

选择棕色系彩铅，依次从头顶的分界线处排列发丝。此处要注意分界线处的发丝走向，还要注意虚实变化。

STEP 05

选择深棕色彩铅，刻画发缕缝隙间的深色调子。

STEP 06

选取与发尾颜色相近的彩铅，
刻画发尾的渐变效果，并表现
出虚实变化。

STEP 07

用切出棱角的橡皮擦出高光，同时表现出些许凌
乱的发丝。

STEP 01

用铅笔起稿，绘制出侧面的面部轮廓
和发型的基本纹理。

STEP 02

为皮肤铺上大色调，绘制五官和妆面，
表现颈部的阴影。

STEP 03

选择棕色系彩铅，从头发的根部开始
呈放射状排列线条，表现发型的纹理
和动势。发尾处的绘制要清晰具体。

STEP 04

运用黑色彩铅刻画明暗层次，加强深
浅对比。

STEP 05

用酒红色彩铅直接铺发色，注意要按
照发型的纹理与层次上色。

STEP 01

用铅笔起稿，简单描绘出主要的卷曲发缕。

STEP 02

用中性炭笔描画发型卷曲的纹理，要严格遵循发缕间的明暗变化铺调子。

STEP 03

用少量纸巾按发丝的走向摩擦，并用橡皮擦出发型的受光面以及少许凌乱的发丝，以使画面效果更加灵动。

STEP 04

用色粉刷逐一铺目标色。用色粉上色饱和度较高，浅色区需要兑入少许白色色粉，深色区则需要兑入深一号的色粉。

STEP 05

选择相同色系的彩铅，刻画发丝的细节。

STEP 06

用彩铅多次叠画，同时用橡皮擦出高光。最后做整体的调整。

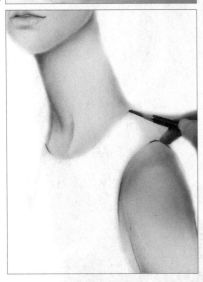

STEP 01

首先用铅笔起稿，绘制出面部、身体和发型的大致轮廓。为皮肤铺上大色调。依次对五官和妆面进行细致的刻画，在颈部和手臂等部位做立体感的处理。

STEP 02

用化妆刷为发型铺色，注意深浅变化，要根据发型的起伏变化和层次关系和谐过渡。

STEP 03

依次用深棕色、红棕色色粉棒直接为发型上色。

STEP 04

继续用红棕色色粉棒绘制。

STEP 05

用手指顺着发丝的走向柔和地处理线条。如果使用纸巾，需轻轻顺着发丝的走向擦，否则画面容易掉粉或变脏。

STEP 06

用炭笔刻画发际线，同时表现出整体发型的明暗变化。

STEP 07

用橡皮擦出高光，同时擦出表层凌乱的发丝。

STEP 08

用同色系的彩铅为留白的发丝上色，同时刻画细节处凌乱的发丝。

STEP 09

调整整体效果。

2.4

卷发发型

　　卷发的类型有很多，常见的就是自然卷和人工卷。自然卷是天生的；人工卷是用卷发棒、卷发钳、卷发球等卷发工具打造的。卷发发型是很多都市男女追求的一种时尚发型。

　　卷发发型非常具有个性和魅力。卷发发型的头发不能太短，一定要长于 10 厘米。打理短卷发的时候，应充分考虑头形的因素。

STEP 01

用铅笔起稿，绘制出卷曲的纹理和基本的明暗调子。

STEP 02

选择粉色色粉棒，按照发片 S 形的纹理有节奏地排列出连贯流畅的线条。

STEP 03

着重在发尾和发束的暗面绘制出与粉色相近的红色。

STEP 04

进行整体的柔和衔接处理，可用手指或纸巾顺着线条的走向轻擦。

STEP 05

用橡皮擦出高光。

STEP 06

用同色系的彩铅刻画细节，调整整体效果。

范例二：浅色潮短发发型

STEP 01

用铅笔起稿，绘制出人物的整体轮廓。

STEP 02

运用简单的素描关系表现颈部与衣服。

STEP 03

细致刻画五官与妆面，为颈部和衣物逐一上色。

STEP 04

先用浅灰色色粉铺背景色，再绘制发型的明暗调子，表现发束的基本纹理与动势。

STEP 05

先用色粉刷绘制整体发色，以棕色作为暗部的底色，再用橡皮擦出表层自然透气的凌乱发丝。

STEP 06

用纸巾顺着发型整体的纹理走向做柔和处理，再用白色色粉棒直接在表层绘制出卷曲的发丝。

STEP 01

用铅笔起稿，绘制出头发卷曲的纹理。

STEP 02

绘制渐变的背景。在进行大面积背景的绘制时，可用大刷子刷或用海绵擦涂。背景色是衬托浅发色的关键。

STEP 03

用色粉对整个发型分为上下两段进行铺色，上面为黄色，下面为粉色。两种颜色的衔接过渡要自然，整体色彩要匀净、饱和。

STEP 04

用橡皮擦出头发表层卷曲的纹理，同时表现外轮廓处自然的发丝。

STEP 05

选择同色系的彩铅，进行细节的刻画，同时衔接整体的色调。

STEP 06

多次进行柔和处理，同时运用彩铅叠色，最后调整整体效果。

STEP 01

用铅笔起稿，绘制出发型的外轮廓。

STEP 02

选择平口色粉刷，由发型顶部呈放射状向下绘制出浅棕色的发型纹理。

STEP 03

用玫红色色粉绘制发尾。此处发尾外轮廓线的结构应为 C 形卷与 S 形卷交替变化。

STEP 04

用平口刷细致地刻画头发表面的纹理，着重表现发束的结构。

STEP 05

用橡皮在头发表面擦出凌乱的纹理。

STEP 06

用彩铅刻画细节，对每一根用橡皮擦出的细发丝做明暗对比处理。

STEP 07

以同样的方式刻画发尾，并画出肩膀部分的衣服，最后调整整体效果。

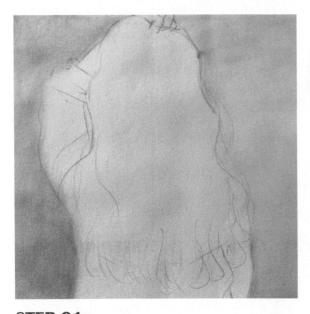

STEP 01

用铅笔起稿，对背影的外形结构进行初步的绘制。用色粉铺底色。

STEP 02

绘制衣服，为手臂的皮肤上色。

STEP 03

先分析发束相互堆叠的状态，再用平口色粉刷蘸取色粉，逐一铺深浅变化的调子。

STEP 04

不断地将发色填满，使整体发型饱满。

STEP 05

将发色填满后，用锋利的橡皮擦出高光，同时表现凌乱的、长短不一的发丝，使发型具有纹理感，对比更加强烈。

STEP 06

选择同色系的彩铅，刻画每一根清晰的发丝，进行细节刻画。

STEP 07

用彩铅重复上色，直至不留太多的白色发丝。

STEP 08

调整整体效果。

2.5

编发发型

　　卷发是浪漫的，直发是清纯的，编发则是最具有淑女气质的一种发型。编发发型富有极强的视觉冲击力。编发发型有三股双加辫、三股单加辫、五股辫、鱼骨辫等，下面我们对它们的绘制方法做具体的介绍。

范例一：三股双加辫

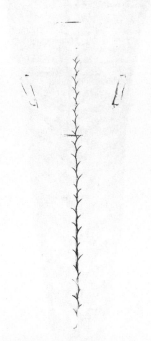

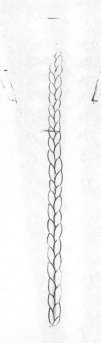

STEP 01

绘制正三股辫时，可从下往上依次画倒写的"人"字形。可以根据自定义的发辫长度勾勒主纹理。

STEP 02

绘制出发辫的外形。

STEP 03

在三股辫骨干纹理的交合口画出两边加入的发束。两边的发束是双加辫的主要纹理，可根据造型需要适当调整其弧度、粗细。

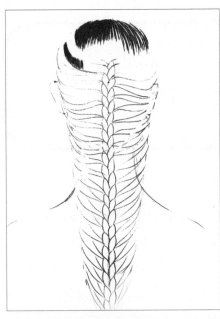

STEP 04

用炭笔根据头发的梳理方向绘制出内层发丝的纹理，以暗调为主。

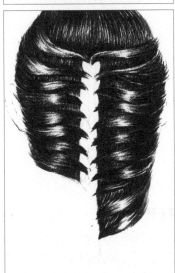

STEP 05

进行两边双加发束的纹理绘制。

STEP 06

进行中间三股辫的纹理绘制。每根线条都代表一根发丝的状态，因此必须严格按照发辫编织的纹理和走势排列线条。

STEP 07

用刷子柔和过渡整体色调。

STEP 08

用橡皮在发型结构的受光处提亮。用橡皮擦出的纹理与走势均需与之前用炭笔绘制的一致。

STEP 01

用铅笔根据发型的设计款式起稿。（在辫子的任意一边加入发束均可。）

STEP 02

选择色粉棒，直接绘制发辫底层的头发，注意留出受光面。

STEP 03

用色粉棒表现表层发辫和加入发束的纹理。

STEP 04

结合阴影关系，用较深的彩铅表现色调的明暗变化。

STEP 05

用彩铅对整体色调进行刻画，绘制发尾的动势。

STEP 06

用橡皮和彩铅配合，丰富发型表层与外轮廓处自
然凌乱的发丝。最后做整体调整。

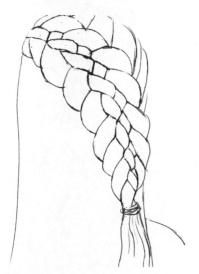

STEP 01

用铅笔起稿。五股辫的编织比较复杂，
在起稿阶段需要严格按照发辫的纹理、
走势、弧度确定轮廓。

STEP 02

选择黑色色粉棒，对编织的发束进行刻画，注意要细致地刻画每一
根发丝。

STEP 03

将编织的发束绘制完，注意留出高光。
接着绘制散下来的头发。

STEP 04

进一步填充发丝，并加强整体明暗色调的对比。注意发辫下方的散发要加深，以形成投影的效果。

STEP 05

用橡皮擦出高光，同时擦出发辫外侧自然的碎发与头发表面凌乱的发丝。

STEP 06

用色粉棒为头发上色，需重点在受光
处填色。

STEP 07

用同色系的彩铅补色，直至整体色彩
达到一定的饱和度。

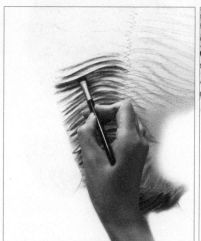

STEP 01

用铅笔起稿，绘制出鱼骨辫大体的结构。然后用平口粉刷绘制鱼骨辫表层的纹理。

STEP 02

继续用平口刷绘制鱼骨辫的纹理，着重绘制出左右发束之间交叠的编织形态。

STEP 03

用圆头软刷蘸取目标色粉，整体上色。

STEP 04

选择同色系的彩铅，由上而下、从左向右依次填补发丝，绘制纹理的细节。

STEP 05

用橡皮擦出发束的走势与高光。（这一步骤可根据绘画效果与前一步骤同时进行，也可互换顺序。）

STEP 06

用彩铅对头发填补上色，刻画发尾处
碎发的细节。

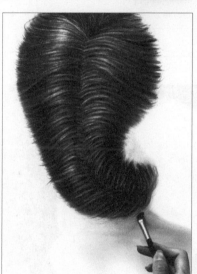

STEP 07

用平口刷绘制人物颈部和背部的皮肤，
注意表现阴影。

STEP 08

用橡皮擦出网纱饰品
的外形和质感。

STEP 09

用彩铅不断丰富整体的色调。最后做整体调整。

2.6

波纹发型

波纹发型是一种比较复古的发型，一般可分为平面波纹和立体波纹两类。波纹摆放的位置不同，表现出的人物气质和性格特征就不同。一般波纹置于两侧区可塑造出优雅、妩媚、性感的特征，置于顶区或后区可塑造出时尚、大气的特征。

范例：背面手推波纹造型

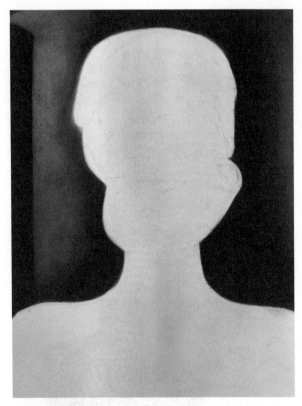

STEP 01

用铅笔起稿。此款发型表现的是背影，先勾画出整体发型的轮廓，再对环境背景进行有明暗变化的铺色。（背景的绘制是为了衬托发型的颜色。）

STEP 02

先铺人物背部的肤色。绘制背部时可根据对画面立体层次的需要，酌情考虑是否表现出骨架结构。然后以正、反C形线条排列，组合成波纹发型的曲线。此处线条的力度、密度是体现波纹立体效果的关键。

STEP 03

依次根据头发的盘绕方向不断丰富线条，并用纸巾将线条擦柔和，然后用橡皮擦出细腻的白色发丝。

STEP 04

选取中黄色系的彩铅，在发型的暗面铺色。

STEP 05

选取浅黄色系的彩铅，在受光面及波纹的凸面铺色，直至达到想要的色彩饱和度。

Chapter 03
面部美妆绘制
SKETCH OF MAKEUP AND HAIRSTYLE

美妆素描是持久美妆、半永久文绣行业的基础。在学习素描的过程中，需要体会空间关系的变化，了解形式美的规律，追求构图的美感，掌握透视原理，具备精准的造型能力，运用明暗调子表达作品的质感、量感，等等，这些都是全面提升化妆水平和文绣创作水平必不可少的基本功。

作为一名化妆师或文绣师，经常练习素描可以提高审美水平，锻炼手的表现力和眼睛的观察力。所以说，素描课是化妆师、文绣师的必修课。

本章通过大量的案例介绍了眉部、眼部、唇部及整体妆面的绘画方法。

3.1

眉部绘画

眉部美妆素描是文绣和素描艺术相结合的产物。区别于传统的以基本线条绘画的方式,它更加细腻、唯美,更符合半永久美妆行业的需求。

3.1.1 眉毛的结构

眉毛由眉头、眉腰、眉峰、眉尾四部分组成。其中眉头、眉尾位置的色调要虚,眉腰、眉峰位置的色调要实。

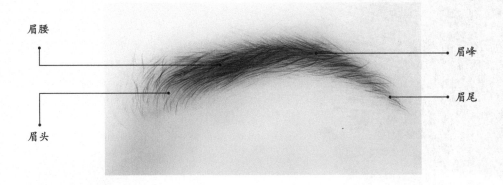

3.1.2 眉形、眉毛的类型与画法

眉毛在五官中占据非常重要的位置,其形态、长短、粗细、质地均关系着颜值的高低。一对适合自己的眉毛不仅能改善精神状态,还能修饰脸形的不足。我们不仅要熟知眉毛结构,还要了解各种眉形和眉毛的类型,这样才能灵活地绘制出各种眉毛。

各种眉形

标准眉

上扬眉

欧式眉

一字眉

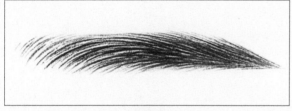

韩式眉

落尾眉

流星眉

柳叶眉

眉毛的类型

雾眉

　　雾眉是由基本的黑白灰调子组成的。

线条眉

　　线条眉是由线条按照生长方向组成的。

线雾眉

　　线雾眉是一种综合眉，综合了雾眉与线条眉的特点。

雾状写真眉的画法

雾状写真眉的绘制步骤如下：① 设计眉形；② 选取眉底色，铺基础色调；③ 用硬性炭笔或中性炭笔在铺好的底色上绘制清晰干净的眉线（整体眉线量不宜过多）。

线条眉的画法

线条眉的绘制步骤如下：① 勾画眉毛主体生长方向，要求线条有虚实变化，以形成色调；② 增加线条排量，突出色调变化及眉毛结构关系。

立体杂乱线雾仿真眉的画法

立体杂乱线雾仿真眉的绘制步骤如下：① 进行基本的眉形定位；② 铺目标底色；③ 根据眉毛的生长状态或动态走势用线条一一体现。

STEP 01

设计眉形，用色粉刷蘸取目标色，为眉形铺底色。

STEP 02

选择硬炭笔，根据眉毛的生长方向描画。

STEP 03

加重下笔力度，增加线条排量。

STEP 04

根据眉毛色调的需要控制线条疏密度，在线尾处适当释放，控制眉毛走势，增强整体立体度。

STEP 05

调整立体感、虚实关系及明暗关系。

3.2

眼部绘画

眉眼美妆素描在化妆界、文绣界非常重要，结构、色彩与明暗是眉眼美妆素描的关键。

本节主要强调对点、线、面的把控。在眉眼美妆素描的绘制中，应结合三大面、五大调处理黑白灰关系及晕染效果，以塑造眼部的空间感、立体感。

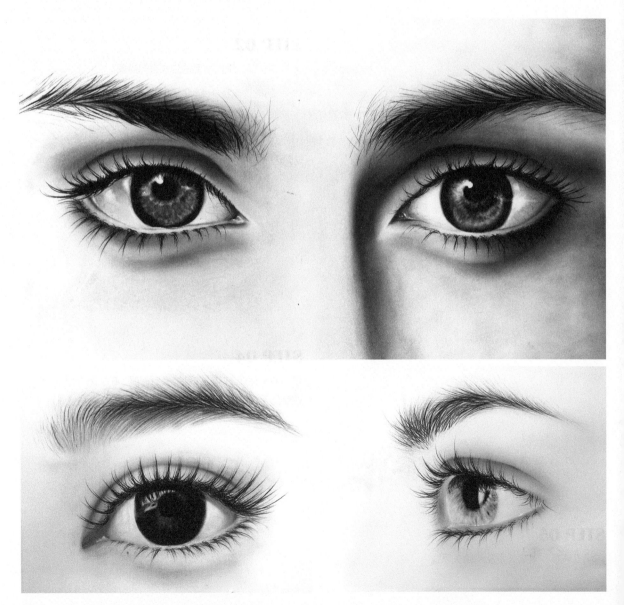

3.2.1 眼部的结构

眼部结构是美妆素描中探索眼部特征、比例关系及透视关系的核心。眼部包括眼球、眼白、睫毛、眼睑、眼线等部位。

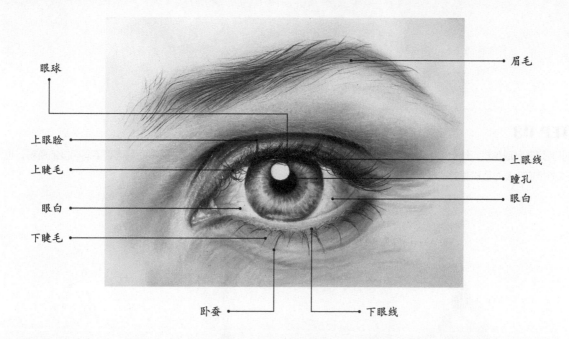

眼球 — 眉毛

上眼睑 — 上眼线

上睫毛 — 瞳孔

眼白 — 眼白

下睫毛 —

卧蚕 — 下眼线

3.2.2 欧美女士眼睛绘制技法

范例一：无眉翠眼

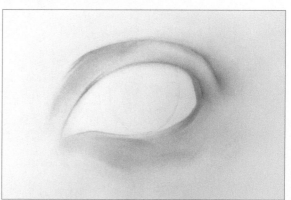

STEP 01

用铅笔起稿，绘制出眼部的大体轮廓。

STEP 02

根据眼部结构特点，用美妆刷在上下眼睑处绘制出皮肤的颜色。

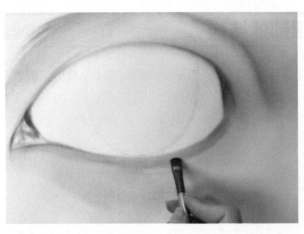 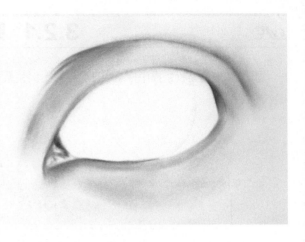

STEP 03

用小型刷子蘸取色粉，绘制眼睑内侧在睫毛内侧的部分。上下两部分的色彩有区别，绘制时可选择不同明度的色粉，也可通过力度变化及对色粉量的控制调整深浅。

 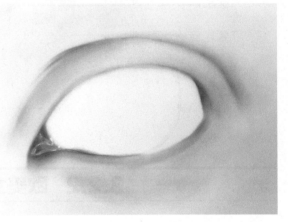

STEP 04

选择红棕色系彩铅，绘制内眼角的褶皱纹理，注意留出高光点。

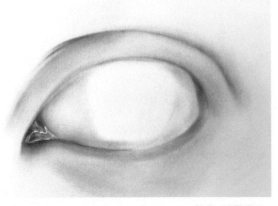 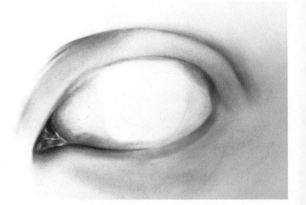

STEP 05

调出浅蓝色色粉，配合大小适宜的色粉刷，以渐变晕染的方式绘制出眼白的色彩。

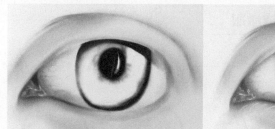 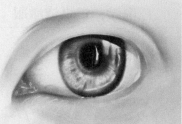 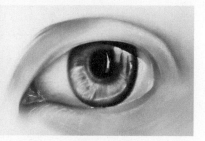

STEP 06

用色粉与彩铅结合，绘制彩色的眼球。高光位置要尽量干净，黑色的地方要尽量加深，有镜面效果的地方色彩要尽量丰富，并且要表现出光影，以及窗户映在眼球上的效果。

STEP 07

进行睫毛的绘制。先用线条表现睫毛的生长方向和弧度，再增加密度，最后表现出长短变化。睫毛的绘制要准确、清晰，有根根分明的效果。

STEP 01

用铅笔起稿，绘制出眼部的大体轮廓。

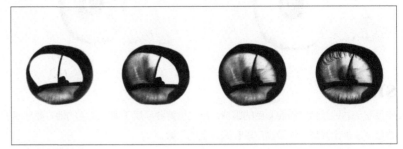

STEP 02

先用炭笔勾画出眼球的框架，表现出映在眼球上的景象。然后用彩铅逐一上色，丰富景象色彩变比。最后绘制出少许睫毛的投影。

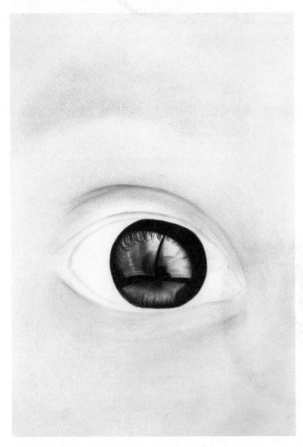

STEP 03

将色粉调出浅肤色，均匀地在眼周铺色。

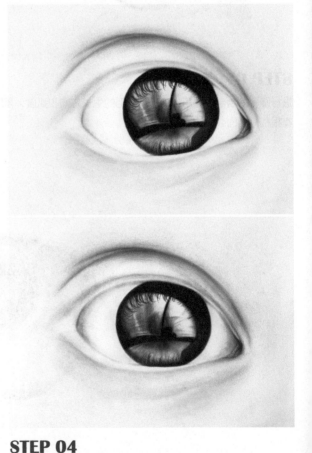

STEP 04

继续用色粉铺色，表现上下眼睑的结构。然后用同色系的彩铅铺色，以增加立体效果和色彩饱和度，突出细节。

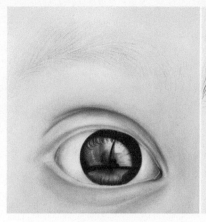
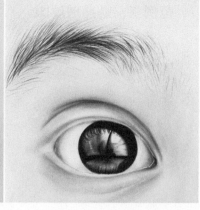

STEP 05

按照线眉的绘制方法画出眉毛。

STEP 06

进行睫毛的绘制。先用硬性炭笔排线，表现睫毛生长方向和弧度，再在根部进行加密，最后用中性炭笔拉长尾端。上睫毛需绘制出上翘的感觉。

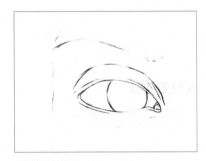

STEP 01

用铅笔起稿，绘制出眼部的大体轮廓。

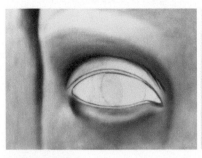

STEP 02

根据背景、皮肤、眼妆的色彩调出相应的色粉，逐一铺色。绘制时需要控制各区域的色差及饱和度、明暗度。

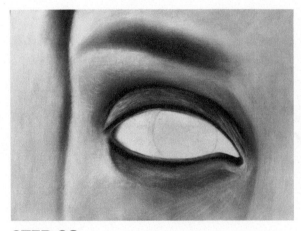

STEP 03

进行皮肤纹理的绘制，可用可塑橡皮、橡皮结合擦出纹理效果。

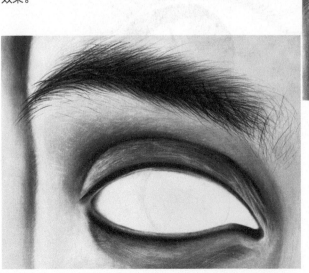

STEP 04

进行眉毛的绘制。按照线雾眉的画法绘制眉毛，先铺好底色，然后依次在底色上排线，表现眉毛的生长方向。通过排线的密度调整色调，强调眉毛的走势。

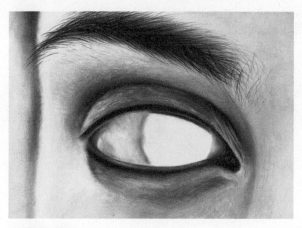

STEP 05

绘制眼白部分和内眼角，此处高光需要特别干净。

STEP 06

绘制眼球。表现景物映在眼球上的效果。先勾画景物的外观形状，再用小刷子配合色粉画出色调变化，然后用彩铅刻画细节纹理，最后用橡皮擦出高光。

STEP 07

绘制卷翘而浓密的睫毛，进行整体细节的调整。

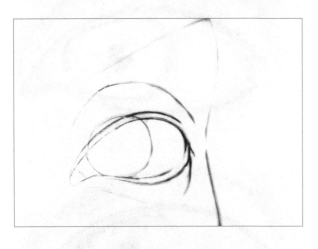

STEP 01

用铅笔起稿，绘制出眼部的大体轮廓。

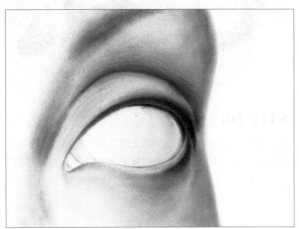

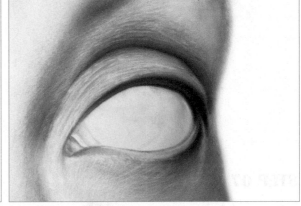

STEP 02

为皮肤铺大色调，同时进行皮肤肌理的绘制。

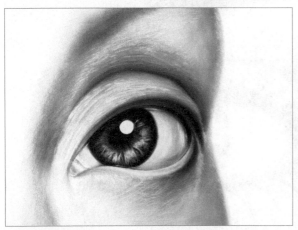

STEP 03

绘制眼珠和眼白，要通过明暗转折表现出球体的感觉。绘制眉毛。

STEP 04

进行睫毛的绘制。先用线条表现睫毛的生长方向和弧度，再进行加密，画出一簇一簇的效果。需绘制出卷翘的感觉。

STEP 01

用铅笔起稿，绘制出眼部的大体轮廓。

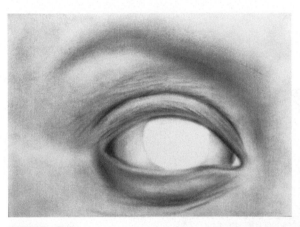

STEP 02

为皮肤铺大色调，同时进行皮肤肌理的绘制。为眼白铺上色调，通过深浅变化表现球体的结构。

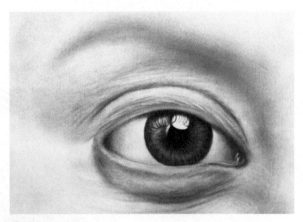

STEP 03

深入刻画皮肤的褶皱纹理。表现眼珠的结构、色彩、质感，同时画出上睫毛在眼珠上的投影。

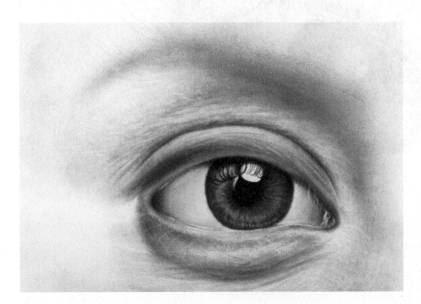

STEP 04

为眼白增添白色调。画出绿色调的眼妆色彩，用橡皮擦出皮肤上的白色绒毛与眼珠上的高光。

STEP 05

用线条绘制出根根分明的
眉毛、睫毛。

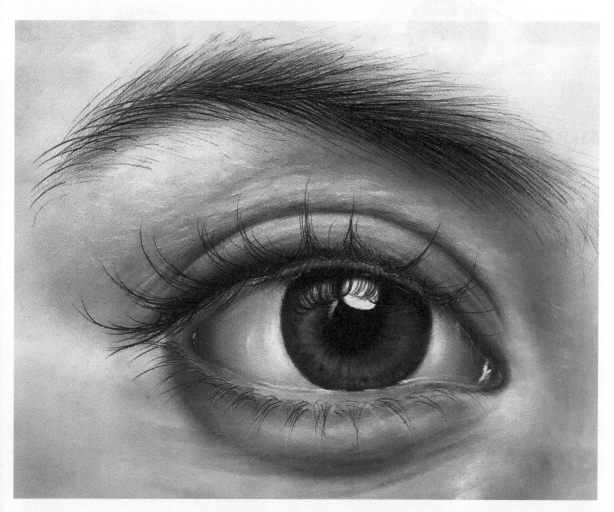

范例一：棕色男士眼

STEP 01

用铅笔起稿，绘制出眼部的大体轮廓。男士眼形整体偏硬，线稿需要轮廓清晰，有明显的转角。

STEP 02

进行眼珠结构与色彩的表现。瞳孔的黑色一定要加重。整个眼珠用褐色、红棕色、黑色的色粉按明暗层次铺色即可，在高光处自然留白。

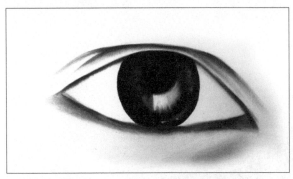 

STEP 03

进行眼眶结构的绘制。

STEP 04

表现眼睛周围皮肤的色调和结构。面积较大的区域通常选用大号圆头刷上色。男士眼周结构较硬朗，肤色可暗沉一些，色粉颜色以棕色、褐色为主。

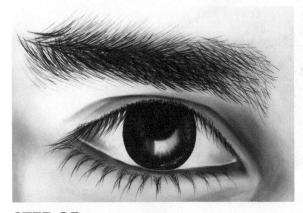 

STEP 05

进行眉毛、睫毛的绘制。男士眉毛浓且粗，可体现杂乱、自然的效果。睫毛部分无须绘制出上翘的感觉，整体呈现自然的疏密度与长度即可。

STEP 06

最后做整体调整。

STEP 01

用铅笔起稿，绘制出眼部的大体轮廓。

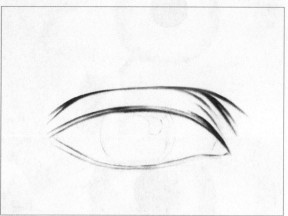

STEP 02

强调眼形结构。

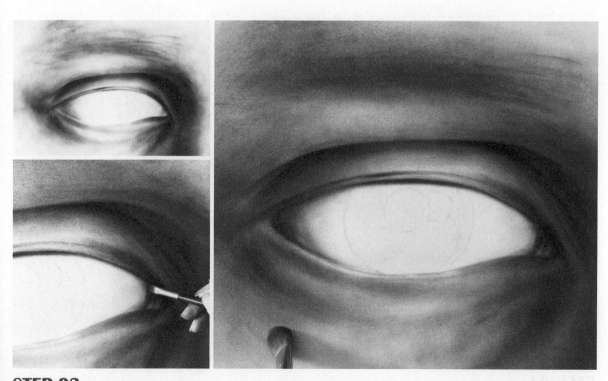

STEP 03

对眼周肤色及眼部结构进行深入绘制。欧美男士眼睛较深邃，皮肤偏暗，配色时可适量加入棕色。

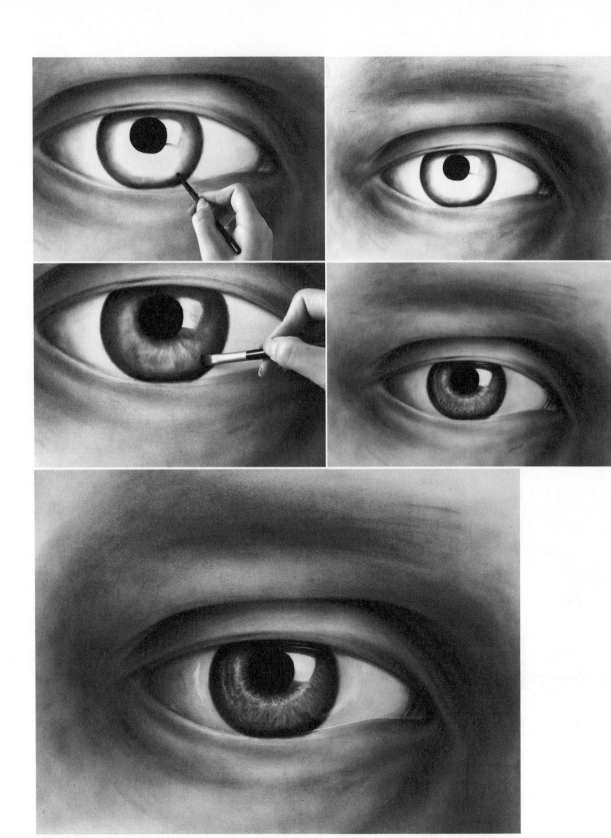

STEP 04

进行眼部内框结构与眼珠、眼白的刻画。眼珠细节需配合色粉、彩铅、橡皮步步深入绘制，眼睛高光要缜密处理。

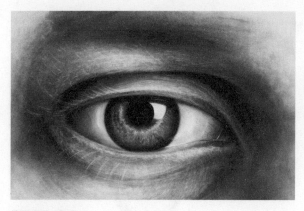

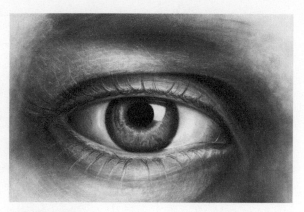

STEP 05

将橡皮切出锋利的棱角，在眼睑上擦出汗毛和睫毛。用色粉在眉毛的位置加深。

STEP 06

用中性炭笔绘制黑色的睫毛。

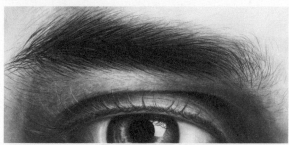

STEP 07

进行眉毛的绘制。细软的杂乱眉毛可用硬性炭笔绘制，主体眉毛则可用中性、软性炭笔逐一体现。

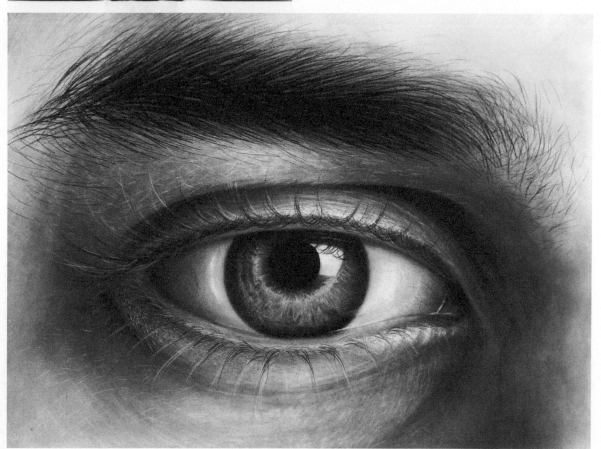

STEP 01

用铅笔起稿，绘制出眼部的大体轮廓。

STEP 02

进行眼珠的绘制。瞳孔与眼珠外轮廓用软性炭笔直接涂色，中间蓝色色调用色粉涂刷，白色纹理用橡皮擦绘，最后可再用蓝色彩铅进行细部铺色，增加整体色彩饱和度。

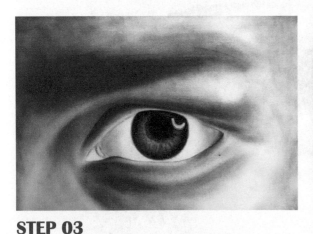

STEP 03

用棕色系色粉为眼周皮肤铺色，通过明暗关系体现结构。

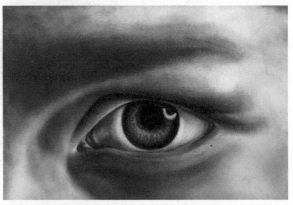

STEP 04

对皮肤及内外眼角进行深入刻画。

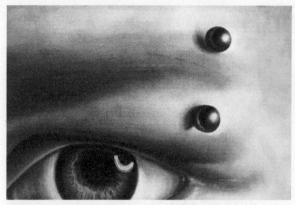

STEP 05

按球体的绘制方式绘制眉钉，注意画出眉钉的投影。

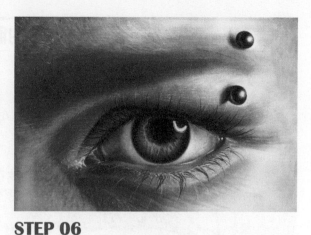

STEP 06

结合橡皮、可塑橡皮擦绘出皮肤的肌理与汗毛。用橡皮和炭笔绘制睫毛，要按照睫毛的生长方向绘制。

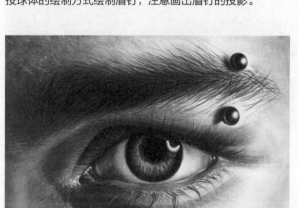

STEP 07

绘制眉毛。先用中性炭笔画出眉毛的基本走势，再不断增加线条的排量，完成眉毛部分的绘制。最后结合橡皮和小型色粉刷对整个画面进行细节调整。

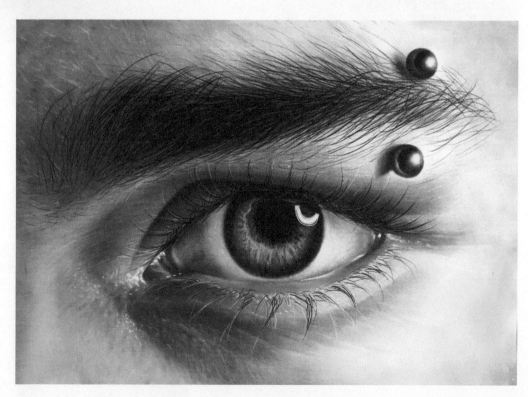

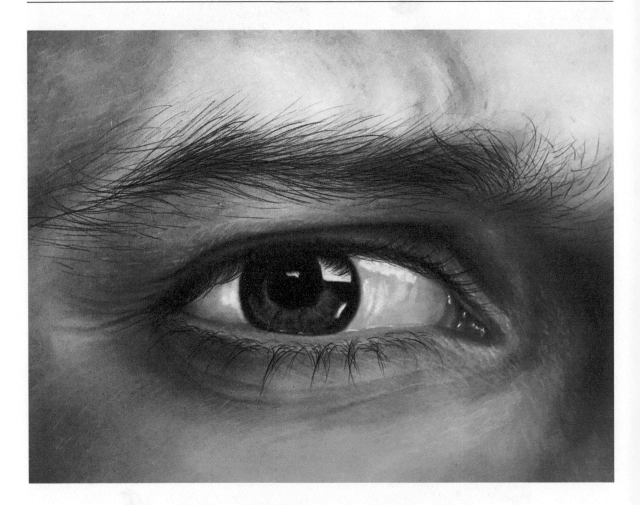

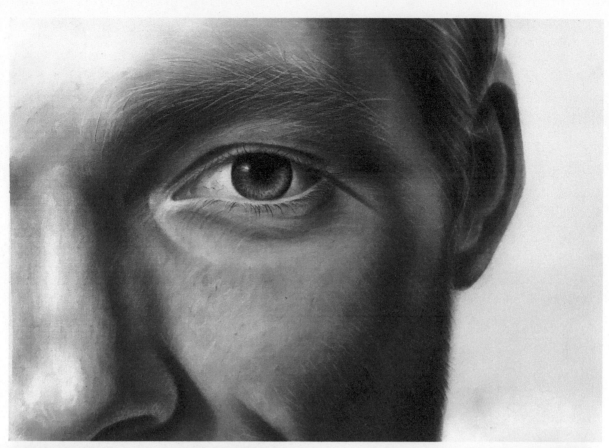

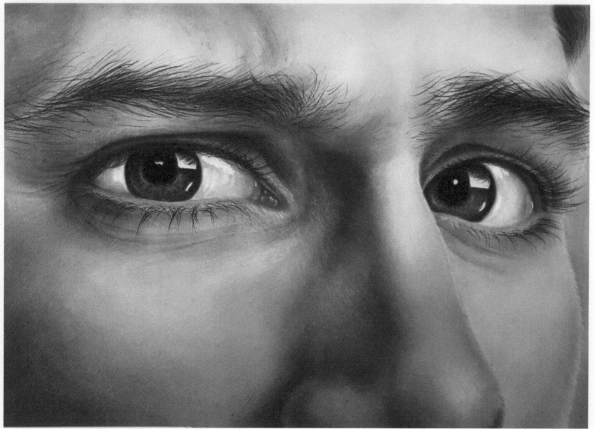

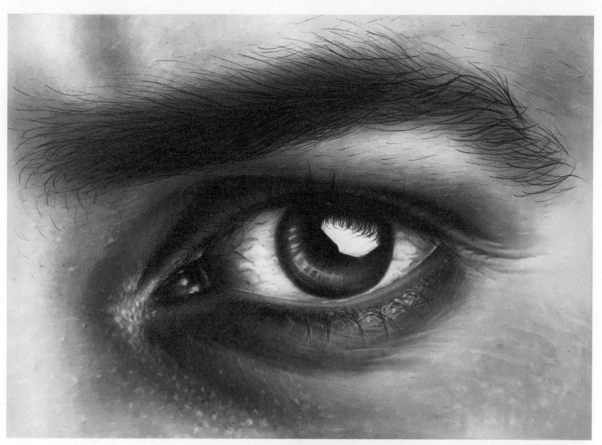

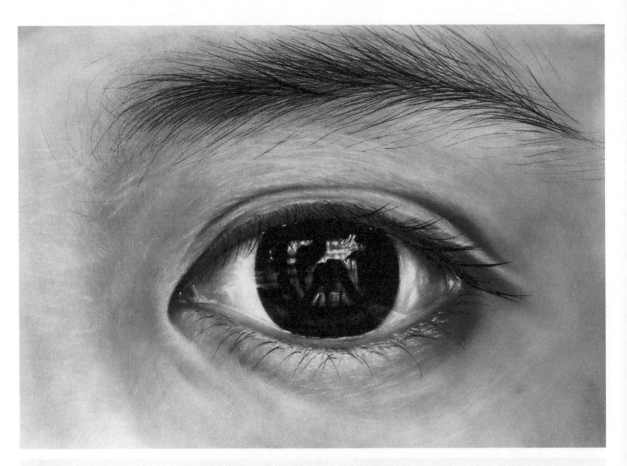

3.3

唇部绘画

3.3.1 唇部的结构

唇部主要由唇峰、唇珠、唇谷、唇角、唇缝及上下唇弓线组成。

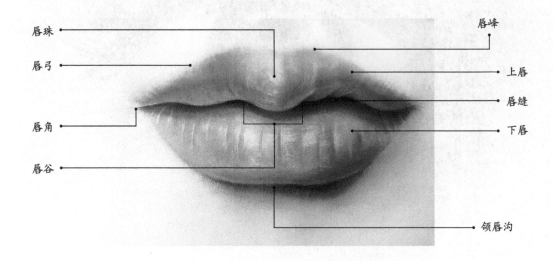

唇部美妆素描除了要体现各组成元素的结构特点,还需要强调出唇部本身的纹理、唇妆的质感,以及整体色调的变化效果。

3.3.2 唇妆表现

本节所呈现的唇妆主要是想体现唇部的质感。唇妆质感可分成两大类:珠光、亚光。涂抹油性唇彩、湿润唇膏所呈现的是珠光唇妆;涂抹光泽感较弱的唇膏所呈现的是亚光唇妆。

珠光唇妆

 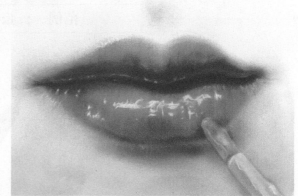

亚光唇妆

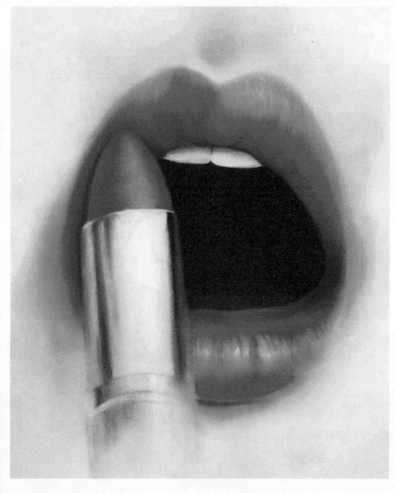 

3.3.3 唇妆绘制案例

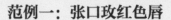

范例一：张口玫红色唇

STEP 01

用铅笔起稿，绘制出侧面唇部的大体轮廓。

STEP 02

进行口腔内部结构与明暗色调的绘制。先从黑色部位铺色，再渐渐融入大红色色粉，形成渐变调，最后根据唇部结构绘出立体调子。

STEP 03

结合光影效果对唇妆整体填色。先铺玫红色，再铺较深的大红色。

STEP 04

用色粉棒直接勾画曲线形的流光线，然后用指腹晕开，使其呈雾状效果。

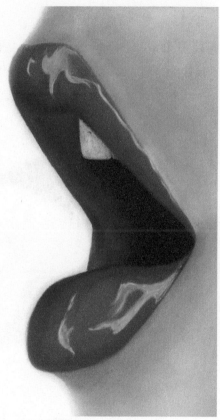

STEP 05

调整色调并绘制出唇周肤色，肤色由靠近唇部的位置向外逐渐变浅。

STEP 06

用高光笔点绘出高光，以体现唇妆的质感。

STEP 01

用铅笔起稿，绘制出正面唇部
的大体轮廓。

STEP 02

用平口刷蘸取黑色色粉，绘制唇缝线。用圆头刷绘制水滴的明暗色调。

STEP 03

用大红色色粉进行
第一次填色。

STEP 04

用橘红色色粉进行第二次填色，直至唇部饱满。

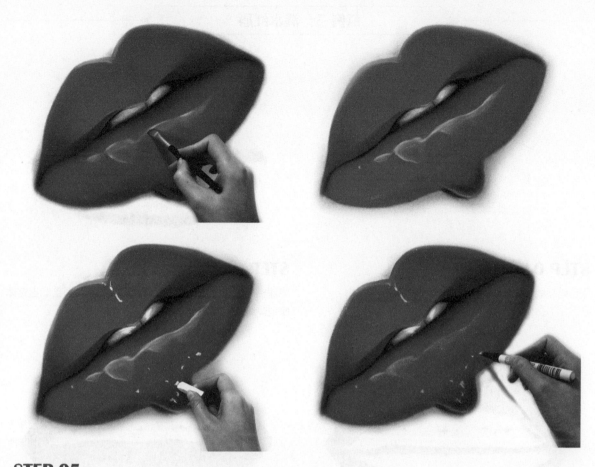

STEP 05

用斜口刷蘸取白色色粉，绘制高光，接着用色粉棒和高光笔依次绘制高光的细节。

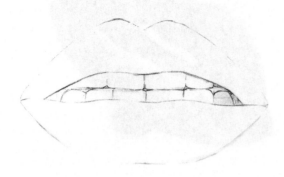

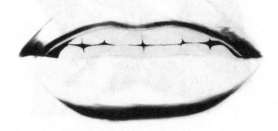

STEP 01

用铅笔起稿，绘制出正面唇部的大体轮廓。

STEP 02

将深棕色色粉和少许黑色色粉进行调和，然后绘制出整体暗部色调。

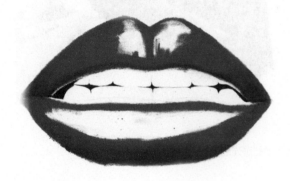

STEP 03

直接选择饱和度较高的红色系色粉，进行第一次填色。

STEP 04

选择饱和度更高的红色系色粉，进行第二次填色。

STEP 05

用色粉棒对唇部受光面、反光面分别提亮，可以用白色色粉棒直接画出亮色高光线，然后用手指晕开。通过明暗变化处理出牙齿的结构关系和光影关系。

STEP 06

绘制淌水效果。在液体轮廓处绘制出有对比的深浅变化，表现透明水质。

STEP 07

用色粉刷蘸取白色色粉，进行初步提亮。

STEP 08

用高光笔继续提亮，表现嘴唇和液体的质感。

STEP 01

用铅笔起稿，绘制出侧面唇部
的大体轮廓。

STEP 02

调好暗红色色粉，从口腔内部最深的地方开始铺色，受光的三角形区
域用较亮的暗红色铺色。

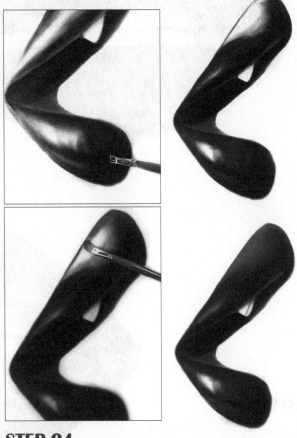

STEP 03

先用平口刷刷出唇部轮廓线，再用大型圆头刷为唇
部铺暗色调，受光处自然留白。

STEP 04

选择稍亮一些的红色，覆盖整个唇部，得出第二层色调。

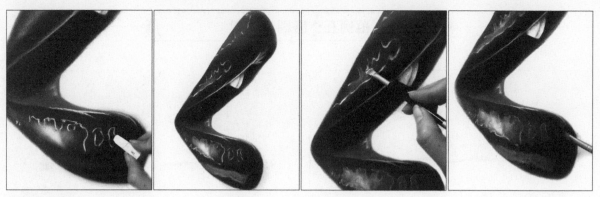

STEP 05

用白色色粉棒直接在唇表面勾画高光及反光的纹理，再用干净的刷子蘸取白色色粉，进行填色。

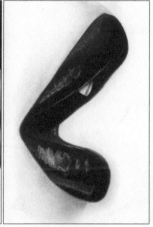

STEP 07

用大型圆头刷绘制出唇周皮肤的肤色，以渐变的方式晕染。

STEP 06

用白色色粉棒对上唇受光处做纹理的细节处理。

STEP 08

用高光笔点绘琉璃珠光质感。

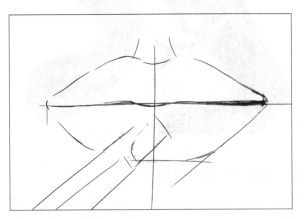

STEP 01

用铅笔起稿，绘制出正面唇部的大体轮廓。

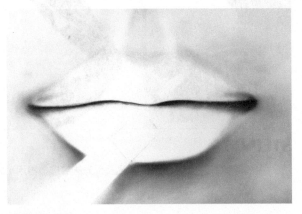

STEP 02

根据唇部结构特点对皮肤进行铺色，着重表现出各元素之间的明暗关系。

STEP 03

绘制金属的唇刷柄。用平口刷直接蘸取黑色色粉绘制，减少色粉的用量可呈现出银灰色。在唇刷柄上适量加上从唇部反光的红色。

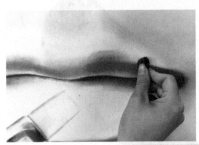

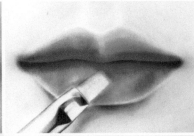

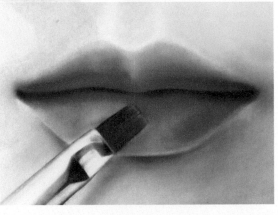

STEP 05

用彩铅加强唇色的饱和度，并适当勾画出唇纹。

STEP 04

在唇部画出明暗交界线的色调区域，再分阶段为唇部铺色，直至完成。画出唇刷的刷毛。

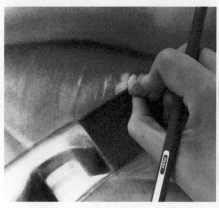
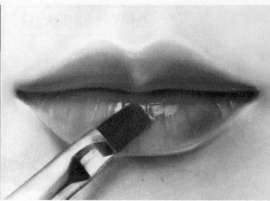

STEP 06

用橡皮擦出高光，进行提亮。嘴角处的唇纹高光不需要太多、太亮。

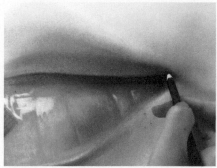
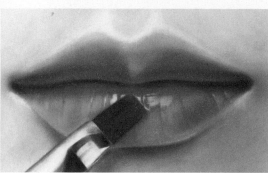

STEP 07

用棕色彩铅加强嘴角的暗部色调。

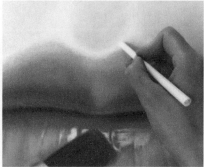

STEP 08

用色粉棒提出唇峰部位的高光，用高光笔绘制唇刷上的高光。

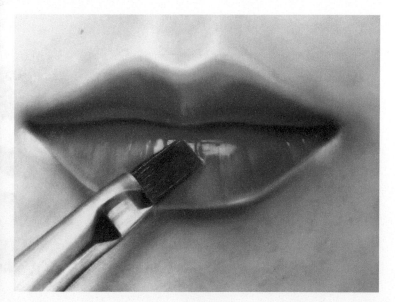

STEP 01

用铅笔起稿，绘制出唇部的形态和大
体轮廓。

STEP 02

进行口腔内部暗调的绘制。先用
软性炭笔勾出牙齿外边缘的形状，
再用黑色色粉棒直接在口腔内部
涂色。

STEP 03

用暗红色色粉绘制出整个唇妆的明暗交界
线，同时绘制唇部外轮廓线。

STEP 04

选择大红色色粉，在唇部填色，高光处自然
留白。

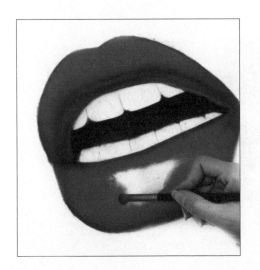

STEP 05

进行牙齿结构和明暗关系的绘制。通常上下牙齿的外边缘及整个中间部位会亮一些。

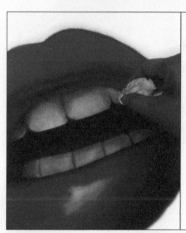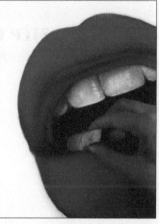

STEP 06

用纸巾对牙齿进行打磨，使色粉的色调均匀而柔和，然后用橡皮提亮。

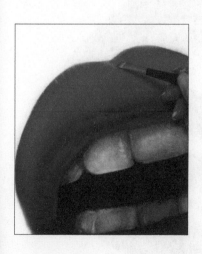

STEP 07

用刷子蘸取白色色粉，绘制唇峰处柔和的高光，然后用色粉棒按受光情况绘制边缘清晰的高光。

STEP 08

继续用色粉棒按受光情况绘制
高光。

STEP 09

最后进行整体细节的调整。

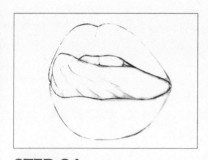

STEP 01

用铅笔起稿，绘制出唇部的形态和大体轮廓。

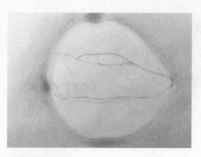

STEP 02

绘制唇周肤色。

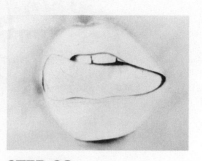

STEP 03

用平口刷蘸取深棕色系色粉，勾勒唇缝、牙缝等暗部色调。

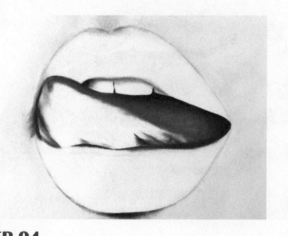

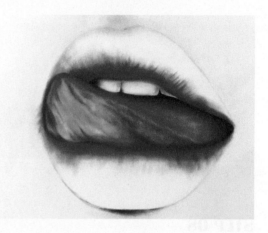

STEP 04

依次绘制舌头、牙齿、唇妆中的深色调。此款唇妆是咬唇妆，所以需要着重表现唇内部的色彩。注意色调的过渡及舌头纹理表现。

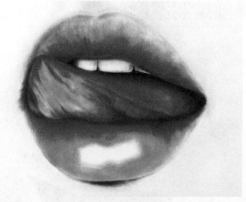

STEP 05

用红色色粉为整个唇部上色，浅色区及受光区自然留白，要过渡自然。

STEP 06

用橡皮擦出高光及纹理效果。

STEP 07

用白色色粉棒勾画受光区与反光区，力度不要过重，再用高光笔以打点的方式提高光。

STEP 08

最后进行整体细节的调整。

3.3.4 其他唇部绘制案例

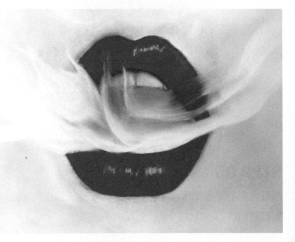

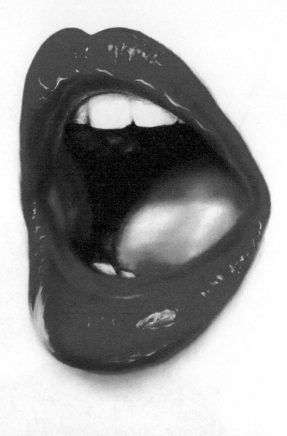

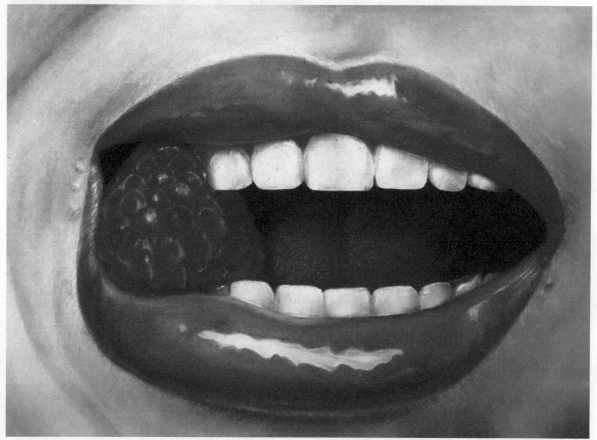

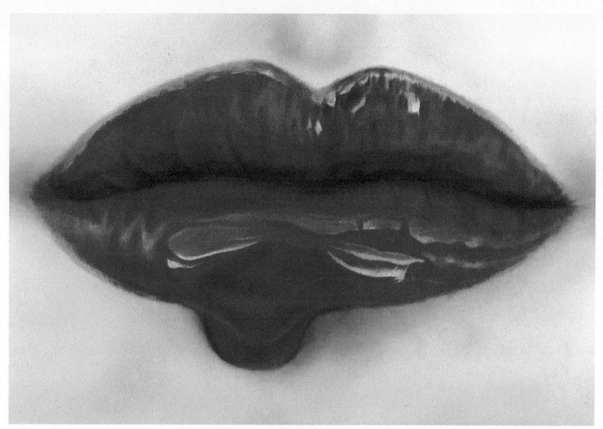

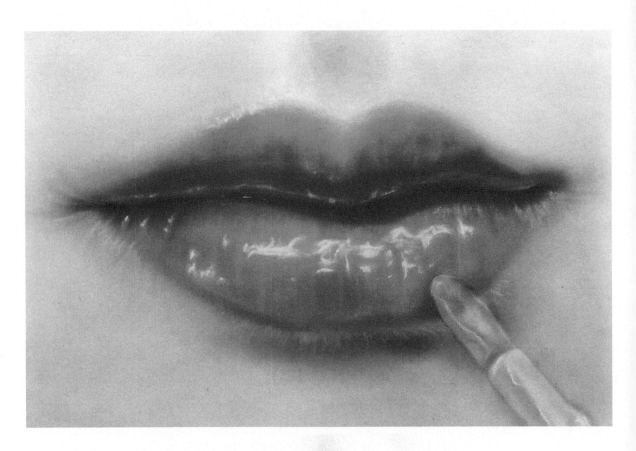

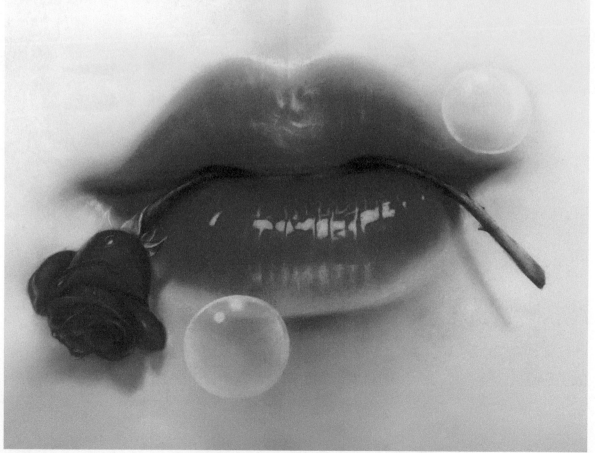

3.4

人物美妆面部整体绘制

本节内容为面部整体绘制，是将眉、眼、唇等元素合为一体的整妆示范。三庭五眼的比例是面部绘制的核心，妆面表现是面部绘制的重点。面部整体绘制通常以人物整体形象设计为标准，除了要有精致的五官和妆容，还要有合适的发型搭配。本节我们将以五官整体表现为主，以发型修饰为辅，为大家呈现完整的案例。

范例一：正侧仰位彩妆

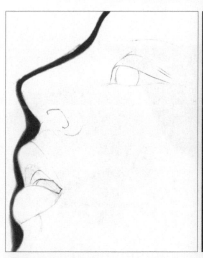

STEP 01

确定五官的位置，这是一个侧面的仰视视角。涂刷背景底色，进行基础的面部上色及简单的彩妆体现。（化妆刷需要提前分类，不同的色调需要使用不同的化妆刷，以免重复叠色造成画面浑浊。）

STEP 02

进行眼部和唇部的基础绘制。除了要体现基本透视关系，还需表现出随结构变化的饱和度及明暗色调。

145

STEP 03

用橡皮擦出面部皮
肤的纹理，表现受
光效果，以及绒毛
的质感。画出睫毛
的阴影。

STEP 04

加强眼、鼻、唇的细节刻画与整体色相的体现。

STEP 05

先用中性炭笔绘制眉毛、睫毛，表现大体的生长方向，再
根据疏密情况换成软性炭笔，画出最终的效果。

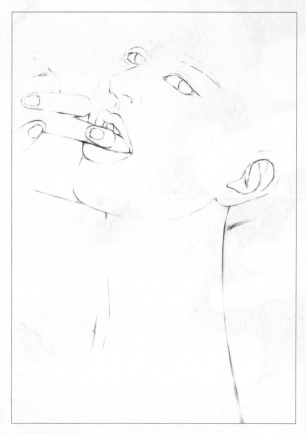

STEP 01

用铅笔起稿，绘制出人物的大体轮廓，注意动态表现。

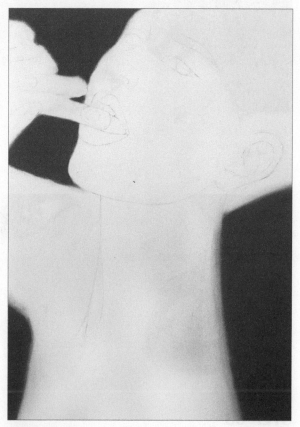

STEP 02

避开人像部分，沿着外轮廓线为背景铺色。背景色调要尽量饱和，注意浓度变化。

STEP 03

眉毛用褐色、黑色的彩铅绘制。眼影部分先用绿色和黄色的色粉涂刷，再用同色系的彩铅提高饱和度。眼线、眼珠均用软性炭笔绘制。选择相应色彩的彩铅，在眼白部分描绘。

STEP 04

加强眼妆立体效果，用尖细的软性炭笔绘制出浓密的睫毛，用高光笔点出眼球上的高光。

STEP 05

进行鼻部、唇部、脸部和耳部结构的绘制，表现妆面。这一步需要严格按照层次关系逐一表现，突出各元素的立体效果。先用小号粉刷涂目标色，再用彩铅进行细化调整。

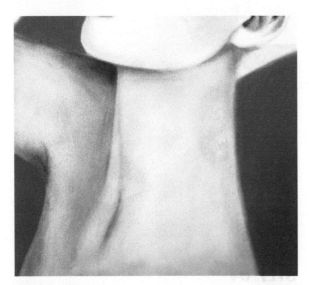

STEP 06

用大号粉刷对肩颈及身体各部位铺色，需根据肢体动作与受光情况准确表现色彩的明暗调子。

STEP 07

用小号粉刷绘制手部结构及其细节，添加指甲油的效果。用软性炭笔根据梳理方向绘制出颈后的头发，表现发丝。

STEP 08

用橡皮擦出头饰、肩饰的外形及层
次，再用彩铅画出渐变色调，表现
细节。

STEP 09

进行整体效果与细节的调整。

STEP 01

用铅笔起稿，画出人物的侧面轮廓。

STEP 02

在面部轮廓外的背景上平铺一层浅粉色。

STEP 03

为皮肤铺色，并绘制出耳部、颈部的结构关系和光影关系。一定要在上色前用色粉调出所需的色系。

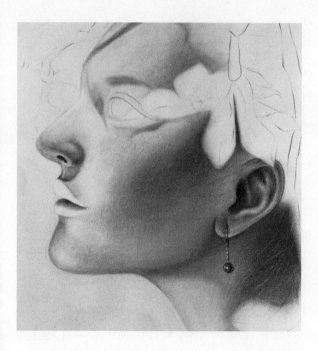

STEP 04

进一步表现面部光影色调，深入刻画五官、耳饰等细节。

STEP 05

用彩铅绘制鼻、唇的细部结构，使色彩更加饱和。在高光处自然留白，细节处的高光用可塑橡皮处理。

STEP 06

绘制眼部。眼妆需用到紫色色粉，用小号色粉刷上色后再用浅紫色油性彩铅晕染一遍，增强色彩饱和度。睫毛可直接用黑色油性彩铅画出，需要特别体现出睫毛清晰流畅的线条与自然的上翘度。

STEP 07

避开花枝与花朵绘制头发。
找准发际线的位置，先用中
性炭笔排列线条，表现头发
的梳理方向，再用软性炭笔
加强暗部色调。受光的发丝
直接用硬一点的橡皮擦出来。

STEP 08

用色粉与彩铅结合绘制花枝。按照圆柱体的绘制方法
绘制即可。

STEP 09

进行花朵的绘制。用色粉刷蘸取色粉，
直接进行渐变晕色，用粉色彩铅涂画
缝隙处及阴影处的重色调，受光处与
白色原调部分用橡皮擦出来。

STEP 10

进行整体效果与细节的调整。

Chapter 04

妆容发型整体绘制

SKETCH OF MAKEUP AND HAIRSTYLE

本章注重妆面设计与发型设计的完整性、精美度和变化力，希望能呈现出更富视觉表现力和渲染力的人物整体造型。案例的结构安排由浅入深，便于读者学习。

STEP 01

整体定稿后，为皮肤铺大色调，然后
从眼部开始深入刻画妆面。

STEP 02

通过色粉与彩铅的结合画出立体的面部结构，以及精致的五官和妆容。

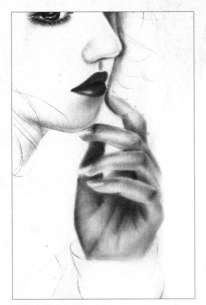

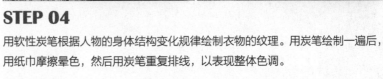

STEP 03

用小号色粉刷绘制手部姿态，需要以
素描的手法绘制。注意找准每根手指
的骨点和明暗交界线，表现出整体的
明暗变化，然后进行细化。

STEP 04

用软性炭笔根据人物的身体结构变化规律绘制衣物的纹理。用炭笔绘制一遍后，
用纸巾摩擦晕色，然后用炭笔重复排线，以表现整体色调。

STEP 05

用斜口刷蘸取红棕色系的色粉，绘制基础的发缕动势与纹理走向。

STEP 06

用同色系的彩铅沿着前一步勾出的结构绘制发缕的曲线。

STEP 07

继续用彩铅勾勒发丝。注意脸部轮廓与发型外轮廓的发丝的虚实处理，绘制时要控制好力度。

STEP 08

根据用彩铅上色后的饱和度情况，酌情于头发表层涂刷一遍同色系色粉，以增强发质的软度、发色的饱和度、画面的柔和度。

在铺完第一遍色粉后，可根据头发的动势，用橡皮擦出白色的发丝纹理，紧接着再按前面的方法用彩铅刻画细密的发丝。

STEP 01

用铅笔起稿，绘制出人物的面部轮廓和发型的大体结构。

STEP 02

用黑色彩铅画出五官轮廓。

STEP 03

用小号色粉刷配合深棕色色粉晕染眼影、鼻侧影。眼珠部分用相同色系的彩铅表现。

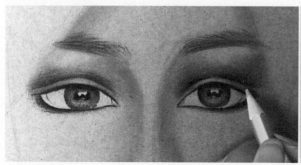

STEP 04

用蓝色彩铅在色粉的基础上重叠铺色，体现出眼妆的色彩。用棕色彩铅勾画眼眶内部的明暗关系。

STEP 05

用小号色粉刷蘸取一点黑色色粉，加强双眼皮上方的褶皱效果，以体现眼妆的深邃感。在卧蚕位置提亮内眼角，用小号色粉刷蘸取白色色粉涂刷即可。

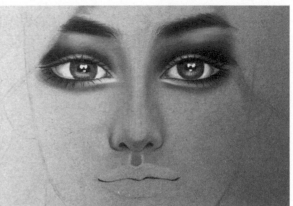

STEP 06

选择褐色或棕色彩铅，用素描手法画出鼻子和人中的结构。用黑色彩铅描绘睫毛。

STEP 07

用色粉刷蘸取白色色粉，在鼻梁处提亮。蘸取红棕色色粉，刷出立体的腮红。

STEP 08

进行整体妆面的绘制，在额头、眼下及下巴等处打高光，然后进行唇部上色。

STEP 09

进行肩颈部位的绘制，用色粉刷与棕色系、白色系色粉配合上色。

STEP 10

先用褐色彩铅画头顶分界线处的头发以及耳后深色的头发，注意表现纹理和走势。然后用棕色彩铅排列出整个发型的纹理。

STEP 11

用红棕色彩铅继续排线，增强饱和度。

STEP 12

用锋利的橡皮擦出自然凌乱的发丝。最后做细节的调整。

STEP 01

用铅笔起稿，绘制出人物的大体轮廓。

STEP 02

用小号色粉刷配合棕色、白色的色粉，根据眼部结构表现特色妆面。

STEP 03

用色粉依次对鼻部、唇部、脸部、颈部进行深入刻画，需要特别体现出立体效果和光影效果。适当用白色色粉提亮，突出各部位的框架结构。

STEP 04

用色粉刷蘸取黑色色粉，绘制衣物，注意表现明暗变化及光影效果。用炭笔勾画衣服的基础花纹。

STEP 05

进行头发的绘制。两侧区、后颈区、顶区的发根处均用彩铅绘制。顶区发根以外的头发用白色色粉棒直接绘制。

STEP 06

进行细节处理与整体调整。

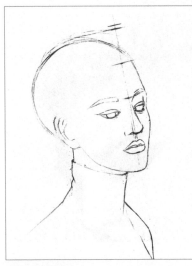

STEP 01

用铅笔起稿，表现人物的面部结构和姿态，定出发型的大体轮廓。

STEP 02

用色粉刷蘸取黑色色粉，刷出背景处的光影和黑色的衣服。

STEP 03

用软性炭笔画五官，同时表现出暗调区域。

STEP 04

用彩铅刻画五官及面部的妆容，包括对眼妆和唇妆的绘制。用线条表现睫毛和眉毛的效果。

STEP 05

用软性炭笔描绘出头顶处的头发，以及发尾的走向和动势，线条要疏密一致、流畅通顺。最后用纸巾摩擦，做出雾化效果。

STEP 06

此处需要用到黑色、红色、深紫色、橘红色、橘黄色、熟褐色的彩铅，在表现发色时需根据头发的原色和光影效果一步步描绘，要体现出整体的饱和度和自然的渐变色调。

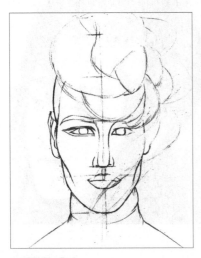

STEP 01

用铅笔起稿，表现人物的大体轮廓和
发型结构。

STEP 02

用大号色粉刷蘸取黑色色粉，为背景
铺色。背景色应厚实、饱满。

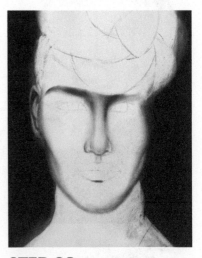

STEP 03

用小号色粉刷配合棕色色粉，描绘面
部的结构阴影。

STEP 04

进行整体五官与妆面表现。选择目标色粉与彩铅，按照妆面风格进行刻画即可。高光处要用橡皮擦亮。

STEP 05

绘制衣服。先用黑色色粉铺色，再用
软性炭笔画出领部下方的流苏线条，
然后用橡皮擦出装饰品的形状和受光
面，最后调整色调变化。

STEP 06

用炭笔绘制发型纹理和走向。

STEP 07

用橡皮擦出受光面与凌乱的发丝。

STEP 08

用彩铅填绘在白色纹理中。

STEP 09

继续用彩铅填绘，直至呈现出漂亮的染发效果。

STEP 01

用铅笔起稿，表现人物的大体轮廓和
发型结构。

STEP 02

进行面部光影的绘制和妆面的初步铺色。

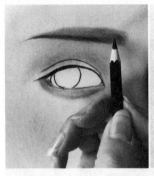

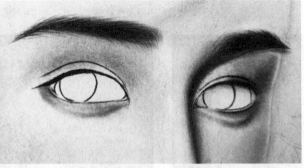

STEP 03

用咖啡色彩铅描绘眉毛。

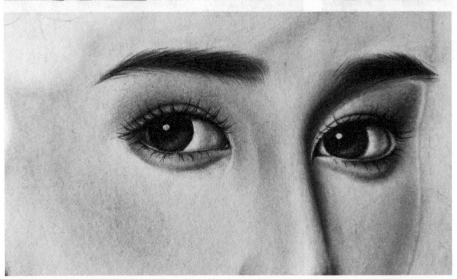

STEP 04

进行眼睛立体结构表现及
妆容塑造。

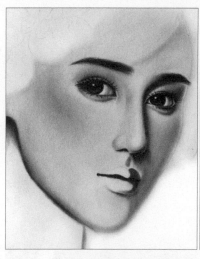

STEP 05

先用色粉依次对鼻部、唇部的光影和妆容做立体效果处理，然后用彩铅细致刻画。

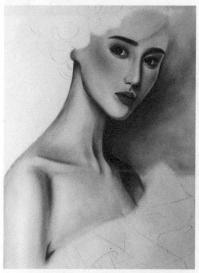

STEP 06

配制色粉，分别对肩、颈、衣物、背景着色，再用可塑橡皮擦绘出各元素的轮廓线和反光线。

STEP 07

用软性炭笔绘制出发型纹理与造型结构，线条变化需丰富，体积感需饱满。最后用纸巾柔和整款发型的色调。

STEP 08

先在上一步的基础上用橡皮擦出头发表层凌乱的白色发丝，再用白色圆珠笔或白色小号（0.7mm）高光笔直接在头发上勾画出网状花饰。

STEP 01

用铅笔起稿，表现人物的大体轮廓和
发型结构。

STEP 02

进行肤色和妆面绘制，首先结合光影效果涂刷有明暗变化的调子。

STEP 03

按照五官结构和美妆要求刻画出立体效果及完整干净的妆面。

STEP 04

背景与头发都是局部渐变晕色，凌乱发丝与受光面的表现需要有粗细变化和深浅对比。表现头发时，先用软性炭笔排出纹理方向和体积堆积感，然后用纸巾做摩擦处理，最后用橡皮擦出表层自然凌乱的发丝。

STEP 05

继续绘制头发，在上一步完成的具有明暗层次的底色上直接用彩铅铺色即可。

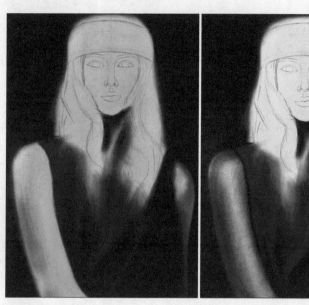

STEP 01

用铅笔起稿，表现人物的大体轮廓和发型结构。

STEP 02

先避开人像，涂刷黑色背景，再表现衣服褶皱的调子，然后铺上颈部、手臂的肤色，注意光线的影响。

STEP 03

用小号刷子和黑色炭墨粉对发带细心铺色，再用橡皮擦出金属铆钉的立体质感。

STEP 04

进行面部五官与妆容表现。

STEP 05

用中性炭笔、软性炭笔描绘出整款发型的纹理层次和卷曲方向。发型的整体对比度要加强，排线要清晰。

STEP 06

在上一步的基础上用纸巾擦拭，使画面柔和，然后用橡皮擦出卷发的受光面与自然凌乱的白色发丝。选择土黄色、棕色、熟褐色彩铅，在不同的受光处分别着色。

STEP 07

继续用彩铅铺色，直至画面饱和、完整。

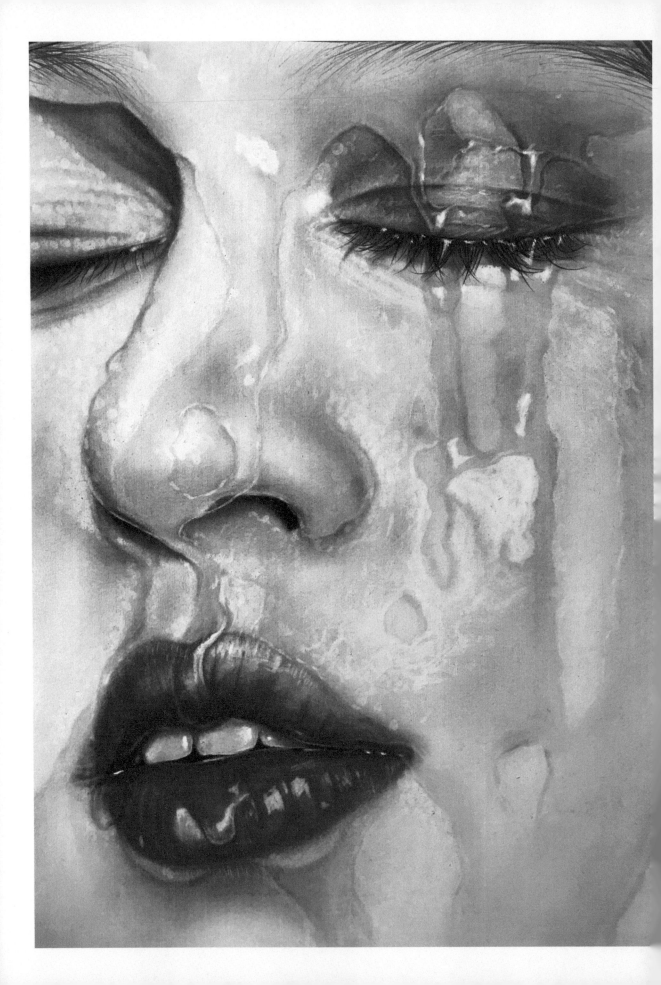

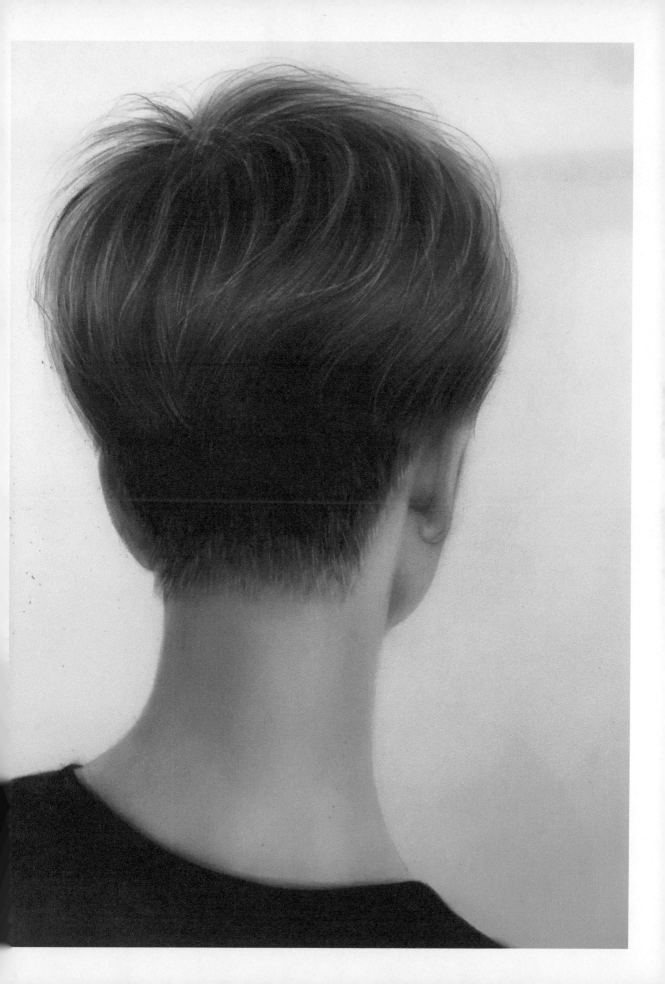